ISBN 978-3-743-16724-7

Das Buch ist sorgfältig erarbeitet. Dennoch übernimmt der Autor, der Verlag und der Herausgeber in keinem Fall für die Richtigkeit von Angaben, Hinweisen und Ratschlägen sowie für eventuelle Druckfehler irgendeine Haftung

Autor : Dr. Hans-J. Dammschneider

Bibliographische Information:
Die Deutsche Nationalbibliothek verzeichnet diese Publikation in der Nationalbibliographie; detaillierte bibliographische Daten sind im Internet über http://www.dnb.d-nb.de abrufbar.

Alle Rechte, insbesondere die der Übersetzung in andere Sprachen, vorbehalten. Kein Teil dieses Buches einschliesslich der Abbildungen bzw. Grafiken darf ohne schriftliche Genehmigung des Verlages *und* des Autors in irgendeiner Form – durch Photokopie, Mikroverfilmung oder irgendein anderes Verfahren – reproduziert oder in eine von Maschinen, insbesondere von Datenverarbeitungsmaschinen, verwendbare Sprache übertragen oder übersetzt werden. Die Wiedergabe von Warenbezeichnungen, Handelsnamen oder sonstigen Kennzeichen in diesem Buch berechtigt nicht zu der Annahme, dass diese von jedermann frei benutzt werden dürfen. Vielmehr kann es sich auch dann um eingetragene Warenzeichen oder sonstige gesetzlich geschützte Kennzeichen handeln, wenn sie nicht eigens als solche markiert sind.

© : 2017 Inst.für Hydrographie, Geoökologie und Klimawissenschaften, Dr. Hans-J. Dammschneider

Herstellung
und Verlag : BoD – Books on Demand, Norderstedt

ISBN : 978-3-743-16724-7

Auflage : 2017-1

website : www.ifhgk.com

Vorwort

Wissenschaft besitzt Terminologie. Diese zu verwenden ist Pflicht ... sonst „versteht" man sich nicht. Das bedeutet allerdings keineswegs, dass auf allgemeinverständliche Formulierungen verzichtet werden muss.

Wissenschaft sollte nicht allzu elitär werden, auch schwierige Themenfelder sind bei gutem Willen des Verfassers so darstellbar, dass sie nicht nur einem inneren Zirkel neue Erkenntnisse vermitteln.

Mit Band 1 der Schriftenreihe war es der erste Versuch, dies in der Praxis umzusetzen. Das Problem ist, den Spagat zwischen fast schon journalistischer Darstellung („Prosa") und der faktisch-nüchternen Sprache der puren Wissenschaft auszuhalten. Das gelingt oftmals nicht gleich. Mit dem vorliegenden Band 2 versucht der Autor es jedoch erneut ... .

Was in Band 1 also beispielsweise noch ohne den Begriff „heat flux" dargestellt wurde sondern vereinfachend als „Warmwasserheizung mit Umluft" erläutert wird, kommt hier in Band 2 (hoffentlich) zu einer Synthese, die *sowohl* der allgemeinen Verständlichkeit *als auch* der gesicherten wissenschaftlichen Begrifflichkeit dient.

Dr. Hans-J. Dammschneider
  Zug, Januar 2017

Abstract

The change of temperatures at European weather stations for the period from 1900 to 2013 are evaluated and the results are compared with the oceanic cycles from AMO and PDO as well as the developments of the OHC and the trends of the water temperatures SST.

It is shown that the oceanic cycles (such as PDO and AMO) with its potential thermal storage or heat release function from the water bodies of the Pacific and Atlantic ocean (or their extended water surfaces) may have an impact to the air temperatures all the way to Europe.

Depending on the warmer or colder conditions of the oceanic "storage locations", it can be observed in Europe, that air temperatures as well as fluctuations in the regional water levels are ascending or descending.

Are the "swinging" change of temperatures in the oceanic oscillations of both the Pacific (PDO) and the Atlantic (AMO) and their interplay are a possible reason for the also 'periodic' temperature trends in Europe ... whether for example in Nantes (France), Genoa (I), Brussels (Belgium), Copenhagen (Denmark), Potsdam (Germany), Zurich (Switzerland), Wroclaw (PL), Vienna (Austria) or Aberdeen (GB, North Sea) and Bergen (N, Atlantic)?

It is not new that there are fundamental correlations of the ENSO (El Niño-Southern Oscillation) to the world-observed air temperatures. It must be discussed whether it is a simple "relationship" or even it is a warming (positive AMO / PDO) or periodic cooling (negative AMO / PDO), resulting from the heat flux of the energetic water flow in the oceans and of the transport by atmospherical circulation (a large-scale heat transfer in the form of a "hot-water heating with circulating air").

It is certain that the changes of the PDO and the AMO correlate with the long-term "up and down" of the average of air temperature in Europe. CO_2, which is a primary factor for the development towards ever higher temperatures, can be assumed as a causative driver of the global temperature rise. On the contrary, the oceanic cycles, which correlate positively with the "fundamental vibrations" of air temperature variability in Central Europe, could characterize the local temperature trends. The contribution of "warm air heating" of 1 degree temperature rise (1900-2013) in Europe amounts to approx. 0.6 degrees, while approx. 0.4 degrees are resulting from other sources. It is likely that the CO_2 (and other?) has contributed to the 0.6 degrees as well as the 0.4 degrees.

The GMSL and RMSL of the German Bay / North Sea also seem to be influenced by the trends of the AMO / PDO: As the AMO / PDO index rises, the RMSL also tend to climb upwards, just like the water levels are descending if the AMO/PDO index is falling.

PDO und AMO ...

der Einfluss ozeanische Zyklen auf Temperatur- und Meeresspiegel-Trends in Europa

		Seite
1	Einleitung	7
2	OHC, AMO und PDO	7
3	Ozeanische Zyklen und die europäischen Lufttemperaturen	12
4	GMSL und der AMO-/PDO-Index	36
5	Zusammenfassung	40
6	Literatur	41
	Anhang	45

1 Einleitung

Mit Band 1 der Schriftenreihe (DAMMSCHNEIDER 2016) wurde vorgestellt, dass es offensichtlich Beziehungen zwischen den ozeanischen Zyklen und den zeitveränderlichen Trends der europäischen Lufttemperaturen gibt.

Ursache dafür könnte der atmosphärische Energie- bzw. Wärmetransport sein, der vor allem auf der Nordhalbkugel, vom Pazifik über den Atlantik, als Westwinddrift die Temperaturen in Europa beeinflusst. Denn es darf nicht vergessen gehen, dass über 70% der Erdoberfläche von Wasser bedeckt ist, wobei allein Pazifik und Atlantik bereits rd. 75% davon einnehmen ... eine gewaltige Fläche und ein enormer Energiespeicher. Die Ozeane liegen sozusagen vor Europas Haustür. Man kann nicht annehmen, dass davon *keine* Wirkung auf das Klima des Europäischen Kontinents ausgeht.

Es ist der sogenannte „heat flux" zwischen Ozean und Atmosphäre, auf den der Autor nachfolgend abzielt und dem das IPCC in seinen Berichten auch bereits Raum gibt. Das Problem: Bisher wird dieses Phänomen noch nicht ausreichend in seiner *regionalisierten Wirkung* behandelt bzw. beachtet.

Der Begriff ´heat flux´ selbst ist zunächst definiert als „Wärmefluss". Im Ozeanischen Regime meint es den Übergang von Energie zwischen Wasser(körper) und der darüber zirkulierenden Luft/der Atmosphäre. Der Autor hat diesen Vorgang bereits in Band 1 umgangssprachlich in „Warmwasserheizung mit Umluft" übersetzt. Aufgrund der physikalischen Grundbedingungen verläuft der Übergang von Energie deutlich einfacher zwischen ´Wasser zu Luft´ als umgekehrt von ´Luft zu Wasser´. Es ist daher anzunehmen, dass ein gewisser Anteil der langfristig zu beobachtenden Veränderungen der Lufttemperaturtrends auch aus einem ´heat flux´ von der Wasseroberfläche in Richtung Atmosphäre resultiert. Der vorliegende Aufsatz wird sich dieser Hypothese annehmen.

2 OHC, AMO und PDO

Das IPCC schreibt 2007: "The global average changes in ocean heat content discussed above are driven by changes in the air-sea net energy flux. At regional scales, few estimates of heat flux changes have been possible. During the last 50 years, net heat fluxes from the ocean to the atmosphere demonstrate locally decreasing values (up to 1 W m^{-2} yr^{-1}) over the southern flank of the Gulf Stream and positive trends (up to 0.5 W m^{-2} yr^{-1}) in the Atlantic central subpolar regions (Gulev et al., 2006). At the global scale, the accuracy of the flux observations is insufficient to permit a direct assessment of changes in heat flux" (Bindoff, N.L. u.a. 2007, IPCC, Abschnitt 5.2.4).

Das IPCC bemerkt in seinem Bericht 2007 (Abschnitt 5.2.2.1, nach Ishi u.a. 2006 und Levitus u.a. 2005) auch, dass die Zeitreihen des Ozeanwärmegehalts für die 0-700m Schicht den Gesamttrend eines zunehmenden Wärmegehalts im Weltmeer zeigen. Es wird betont, dass es hierin jedoch interdekadale Schwankungen gibt, die den Trend überlagern (IPCC 2007, Abschnitt 5.2.2.1, siehe Abb. 1).

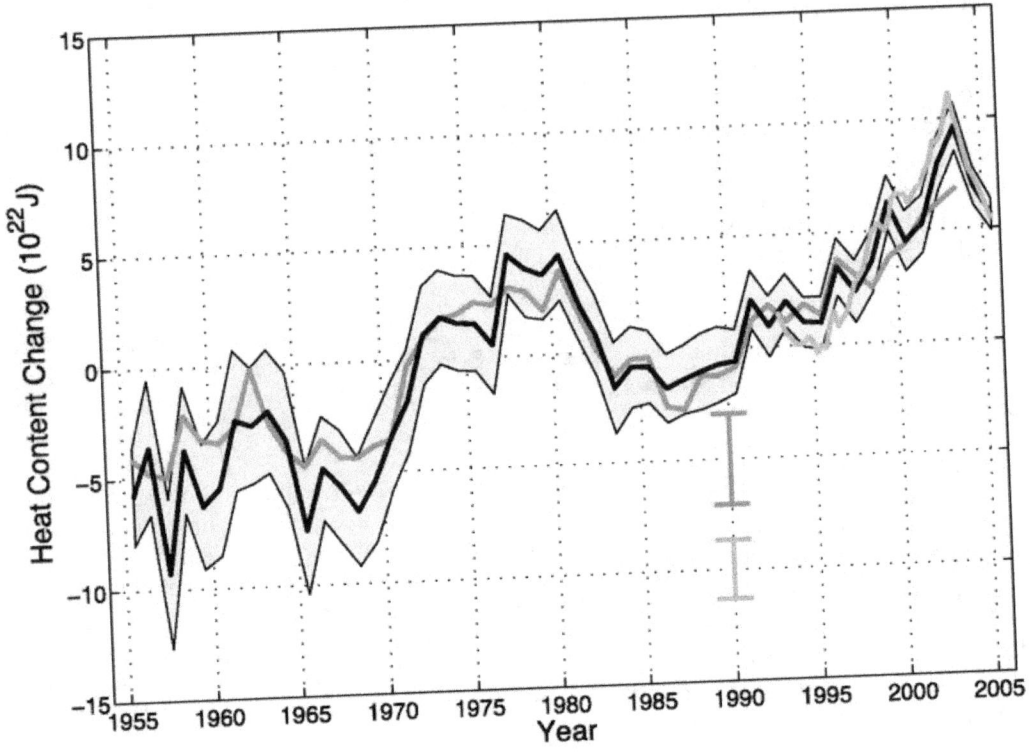

Abb. 1 : Zeitreihe des globalen jährlichen Ozeanwärmegehalts (10^{22} J) für die Schicht von 0 bis 700m. Die schwarze Kurve stammt von Levitus u.a. (2005a), wobei die Schattierung das 90% - Konfidenzintervall repräsentiert. Die roten und grünen Kurven sind Aktualisierungen der Analysen von Ishii et al. (2006) und Willis et al. (2004, über 0 bis 750 m), wobei die Fehlerbalken das 90% Konfidenzintervall bezeichnen. Die schwarzen und roten Kurven bezeichnen die Abweichung vom Durchschnitt von 1961 bis 1990 und die kürzere grüne Kurve die Abweichung vom Durchschnitt der schwarzen Kurve für den Zeitraum 1993 bis 2003

Insgesamt sieht der IPCC-Bericht eine deutliche Zunahme des OHC (ocean heat content), der primär durch den heat flux „Luft-Wasser" verursacht sein soll.

Im IPCC-Bericht 2014 heisst es im Synthesis Report: "Ocean warming dominates the increase in energy stored in the climate system, accounting for more than 90% of the energy accumulated between 1971 and 2010 (high confidence) with only about 1% stored in the atmosphere. On a global scale, the ocean warming is largest near the surface, and the upper

Abb.. 2: „heat flux" sozusagen sichtbar gemacht (Nebelbildung bei Kaltluft über Warmwasser).
Oben: Mai 2007 südöstlich der Grand Banks, Nordatlantik (Aufnahme des Verfassers vonbord MS Bremen).
Unten: Kaltluft (-13 Grad C) über relativem Warmwasser (+ 4 Grad C) mit Dunstbildung und Wärmeübergang vom Wasser zur Atmosphäre

75 m warmed by 0.11 [0.09 to 0.13] °C per decade over the period 1971 to 2010. It is virtually certain that the upper ocean (0–700 m) warmed from 1971 to 2010, and it likely warmed between the 1870s and 1971" (IPPC, 2014)

Nun gibt es jedoch neben der Darstellung des reinen OHC (ocean heat content) und den Aufzeichnungen der Wasseroberflächentemperaturen (sea surface temperature, SST) auch noch zyklisch-dynamische Vorgänge, die das Ganze verkomplizieren. Denn AMO (**A**tlantische **M**ultidekaden **O**szillation) und PDO (**P**azifische **D**ekaden **O**szillation), die man ja überhaupt erst seit Mitte der 90er Jahre des letzten Jahrhunderts kennt, variieren ganz erheblich die Temperaturveränderungen zu einem sehr lebendigen *räumlichen* Prozess.

Zunächst: Was sind AMO und PDO überhaupt. Diese ozeanischen Zyklen bezeichnen je für sich eine *abrupte Änderung der Oberflächentemperaturen* des atlantischen bzw. pazifischen Ozeans. Vor allem die durch die PDO bestimmte Anordnung von Warm- und Kaltwassergebieten im nördlichen Pazifik prägt die Hauptströmungsrichtung des Jetstreams und hat damit signifikante Auswirkungen auf das Wettergeschehen ... das ist ein ganz wichtiger Punkt, auf den wir noch zurückkommen werden.

Viele Autoren haben in den letzten Jahren auf die PDO und die AMO als wichtige Elemente der weltweiten Klimasteuerung hingewiesen. Einen Durchbruch hinsichtlich der Bewertung der Zyklen gab es jedoch noch nicht. Grund dafür mag sein, dass leider die offizielle Version von AMO und PDO, wie sie in http://research.jisao.washington.edu/pdo/ PDO.latest abgerufen werden kann, um die SST korrigiert ist. D.h., die SST´s wurden für die jeweiligen Indices heraus gerechnet. Grund war, eine Darstellung zu bekommen, die nicht „klimawandelbeeinflusst" ist (*). Allerdings fehlen damit in den Ganglinien die realen Temperaturveränderungen der SST. Da aber für einen weltweiten Vergleich der ozeanischen Zyklen mit den tatsächlichen Veränderungen der Lufttemperaturen (beispielsweise) allein nur die „wahren" Indices dienen dürfen, wurden die SST´s vom Verfasser wieder in die AMO- und PDO-Datenreihen zurückgerechnet.

Der Verfasser geht davon aus, dass bei einer Betrachtung der europäischen Verhältnisse aus Lufttemperatur oder RMSL nicht AMO und PDO getrennt betrachtet werden dürfen, sondern beide *gemeinsam* als klimawirksame Einflussgrösse aufgefasst werden müssen. Daher zeigt die Abb. 3 den Verlauf einer vom Verfasser neu berechneten *Kombination* beider Zyklen aus AMO und PDO ... einschliesslich der wieder eingerechneten SST-Verläufe.

Der Verfasser betrachtet diesen „Kombi"-Index aus AMO und PDO als massgeblich für deren mögliche Einflüsse auf das Klima Europas. D.h. es spielt weniger eine Rolle, wie die Zyklen „für sich" dastehen, als das es vielmehr wichtig ist, mit welcher Grössenordnung sie *gemeinsam* „Wirkung" auf die Lufttemperaturen haben.

(*) The monthly mean global average SST anomalies are removed to separate this pattern of variability from any "global warming" signal that may be present in the data

Es sind dies zunächst nur die Lufttemperaturen oberhalb des jeweiligen Wasserkörpers. Aber die Atmosphäre steht ja bekanntlich nicht still, es findet ein Wärmetransport statt ... mit der globalen Zirkulation und der Westwinddrift bis hin nach Europa.

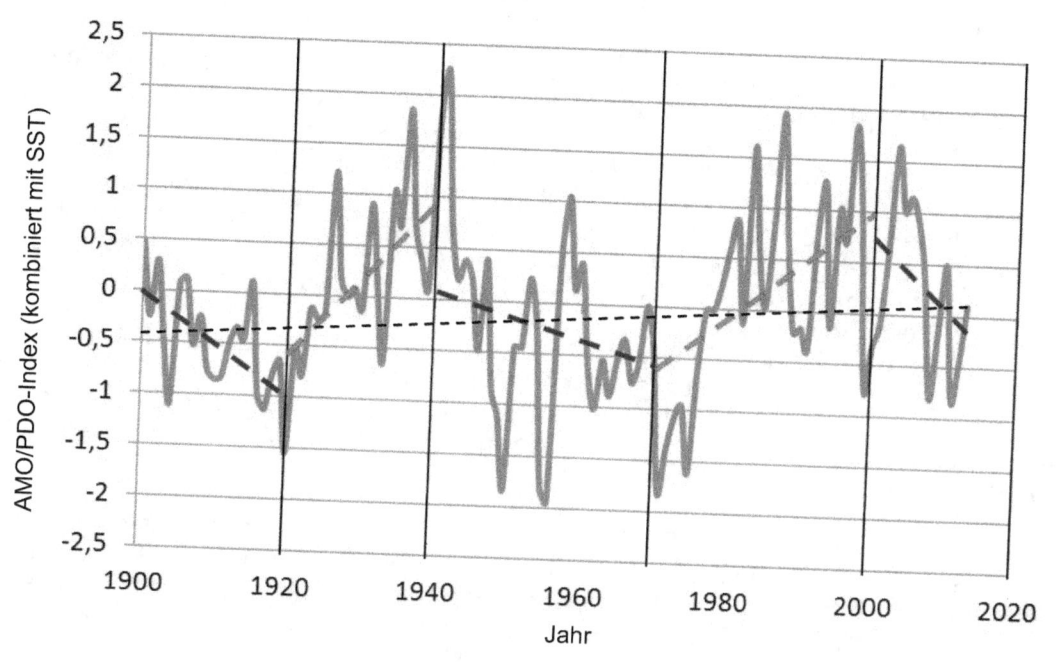

Abb. 3 : Verlauf von AMO und PDO (kombiniert und mit eingerechneter SST)
= = = Trendgeraden je Zeitraum, - - - -= Gesamttrend.
Werte aus http://research.jisao.washington.edu/pdo/PDO.latest und
https://www.esrl.noaa.gov/psd/data/correlation/amon.us.long.data

Bereits die Original-Zyklen von AMO und PDO sind leicht lesbar und verständlich. Allgemein und überschlägig fasst man sie in mehrjährige Abschnitte mit mal (vorübergehend) negativer und mal (vorübergehend) positiver Tendenz. Wie bereits gesagt, wurden AMO und PDO bisher je getrennt betrachtet. Der Autor koppelt beide Zyklen rechnerisch zusammen, was allein deshalb zulässig ist, als ja auch die Wirkung aus beiden Zyklen zusammenhängend ausfällt ... es gibt sinngemäss ja auch nur „eine" atmosphärische Zirkulation, die für einen Wärmetransport sorgen kann. Ihr ist es sozusagen egal, ob AMO oder PDO zwei getrennte oder eine zusammengehörige Quelle darstellen.
Natürlich sind diese Quellen einerseits lokal unterschiedlich verteilt und zum anderen in ihrem Energiegehalt über die Zeit je unterschiedlich stark ... was unterstreicht, dass man gut daran tut sie für eine Synthese zu *einem* Vorgang zusammenzufassen (siehe Abb. 3).

Der in Abb. 3 sichtbare „eine" AMO/PDO-Zyklusverlauf ist leicht anders als der jeweils einzelne von AMO und PDO. Allerdings ist der neu berechnete AMO/PDO-Kombizyklus auch wiederum klarer gegliedert und die „positiven" bzw. „negativen" Zeiträume ergeben sich deutlich/eindeutig aus den relativen Höchst- bzw. Tiefstwerten. Betrachtet werden die Jahre von 1900 bis 2013.

Die je Zeitraum eingerechneten **Trendgeraden** sind linear und werden im Laufe dieses Artikels immer wieder in vergleichenden Abbildungen dargestellt.

Bisher ist nicht bekannt, welche Mechanismen hinter der PDO stecken bzw. was die PDO-Veränderungen antreibt. Daher besteht auch nur eine *geringe Vorhersagbarkeit* der Zyklen. Einige Klimamodelle zeigen PDO-ähnliche Oszillationen, jedoch aus meist unterschiedlichen Gründen. Die Güte dekadengenauer Klimaprojektionen wird letztlich jedoch vom Verständnis des hinter der PDO stehenden Mechanismus bestimmt ... den wir aber leider (noch) nicht kennen.

Was die AMO (und die PDO) antreibt, ist also eher spekulativ. DIJKSTRA u.a. (2006) haben die These einer periodisch gestörten thermohalinen Zirkulation formuliert (und auch selbst noch andere Modelle ins Spiel gebracht). Tatsache ist aber ebenso, dass man im Jahr 2016 noch immer nicht wirklich weiss, welche 'tieferen' Ursachen hinter der **Veränderlichkeit** von AMO und PDO stecken.

Aktuell beschreiben jedoch BELLOMO, K. u.a. (2016) einen Klima-Verstärker, der zeigen soll, dass die Atlantische Multidekadenoszillation (AMO) zu einem bestimmten Masse auch auf Basis der *Veränderung der Wolkenbedeckung* ablaufen kann. Laut dieser Studie sind bis zu einem Drittel der AMO-assoziierten Temperaturveränderungen auf Wolkeneffekte zurückzuführen. D.h., es gibt eine positive Rückkopplung zwischen der Gesamtwolkenmenge, der Oberflächentemperatur (SST) und der atmosphärischen Zirkulation, die die Persistenz und Amplitude des tropischen Zweiges des AMO verstärken. Mittels numerischer Simulation schließen BELLOMO u.a., dass die Cloud-Feedbacks zwischen 10% und maximal 31% der beobachteten SST-Anomalien in Verbindung mit der AMO über den Tropen ausmachen können.

3 Ozeanische Zyklen und die europäischen Lufttemperaturen

Es ist wichtig zu wissen, dass die Wasserflächen der Ozeane fast 71% der Erde bedecken und allein Pazifik und Atlantik davon 75% einnehmen. Ein „weites Feld". Und ein Gebiet, von dem wir nachwievor nicht wirklich so viel wissen und verstanden haben, weil sie wortwörtlich zu 99% „ausser Sicht" sind. Aber 'dort draussen' spielen sich mächtige Prozesse der vorübergehenden Wärmeakkumulation und -abgabe ab.

Wasser hat eine deutlich höhere Wärmekapazität als Luft und die Gesamtmasse der Atmosphäre entspricht einer knapp 10m dicken Meereswasserschicht. Der Wärmeinhalt der

Ozeane ist erheblich höher als jener der Atmosphäre ... die Atmosphäre enthält nur etwa 1 % der gesamten Wärmekapazität der Erde. PDO und AMO als Mass für die Oberflächentemperaturen der jeweiligen Ozeane entsprechen überschlägig also durchaus dieser 10m-Wasserschicht.

PDO und AMO sind, wie schon erwähnt, erst seit Mitte der 90er Jahre, also seit Beginn der grossräumigen Satellitenüberwachung (auch der Weltmeere), bekannt. Wir wissen, dass ihr Temperaturindex deutlichen Schwankungen unterliegt ... es geht genau so mal aufwärts mit den Temperaturen, wie es auch wieder Zeiten gibt, in denen die Wassertemperaturen absinken. „Absinken und aufsteigen" im wörtlichen Sinne wie die Wassermassen in den weltweiten ozeanischen Zirkulationssystemen des „Golfstroms" beispielsweise oder der sogenannten MOC (Meridional Overturning Circulation) oder der THC (thermo-haline-circulation) oder des „globalen Förderbands" (the great ocean conveyor belt)? *Das wissen wir noch nicht*, darüber gibt es in der Ozeanographie nachwievor mehr Spekulation als Kenntnis.

Aber die ozeanischen Zyklen einschliesslich der PDO und der AMO sind mehr als spannend. Denn unterstellt, das die „Wärmefelder" der Ozeane aus PDO und AMO ja nicht ´nur so´ existieren, sondern von ihrer Veränderlichkeit auch eine entsprechende „positive" oder auch „negative" Wirkung ausgeht, fragt man sich, ob das nicht sogar in Europa zu registrieren ist. Bereits die Abb. 4 zeigt, dass Veränderungen z.B. der mitteleuropäischen Lufttemperaturen (hier Deutschland gesamt) offenbar mit den Veränderungen der Wärmeverhältnisse in den Ozeanen (hier Oberflächentemperaturen der Weltmeere) verkoppelt sein könnten ... in beiden Gebieten steigen die Temperaturen von 1979 bis 1998 mit fast gleicher Steigung an, genauso, wie sie (ebenfalls mit nahezu gleicher Steigung) von 1999 bis 2013 abfallen.

Die Abb. 5 weist darauf hin, dass dies auch für die Ozeane der Nordhemisphere gelten könnte (HadSSt3-nh und OHC, nach NOAA *), hier ebenfalls für den Zeitraum 1979 bis 2013.

Mit Abb. 6 wird der Betrachtungszeitraum zurück bis zum Jahr 1900 erweitert. In diesen Jahren steigen die Wasseroberflächentemperaturen der Nordmeere (HadSST3-nh) um 0,6 ^{0}C an ... ebenso, wie die Mitteltemperaturen der AMO/der PDO ansteigen (Abb. 7).

Es gibt allerdings einen ganz wesentlichen Unterschied: AMO/PDO verlaufen ganz klar in Zyklen, die sich in einer vordergründigen Betrachtung der Temperaturen der Kontinente nicht sofort so deutlich offenbaren.

(*) HadSSt3-nh = Hadley Center SST3-Temperaturdatensatz Nordhemisphere, MetOffice GB ; SST = Sea Surface Temperature; OHC = ocean heat content ; NOAA = National Oceanic and Atmospheric Administration)

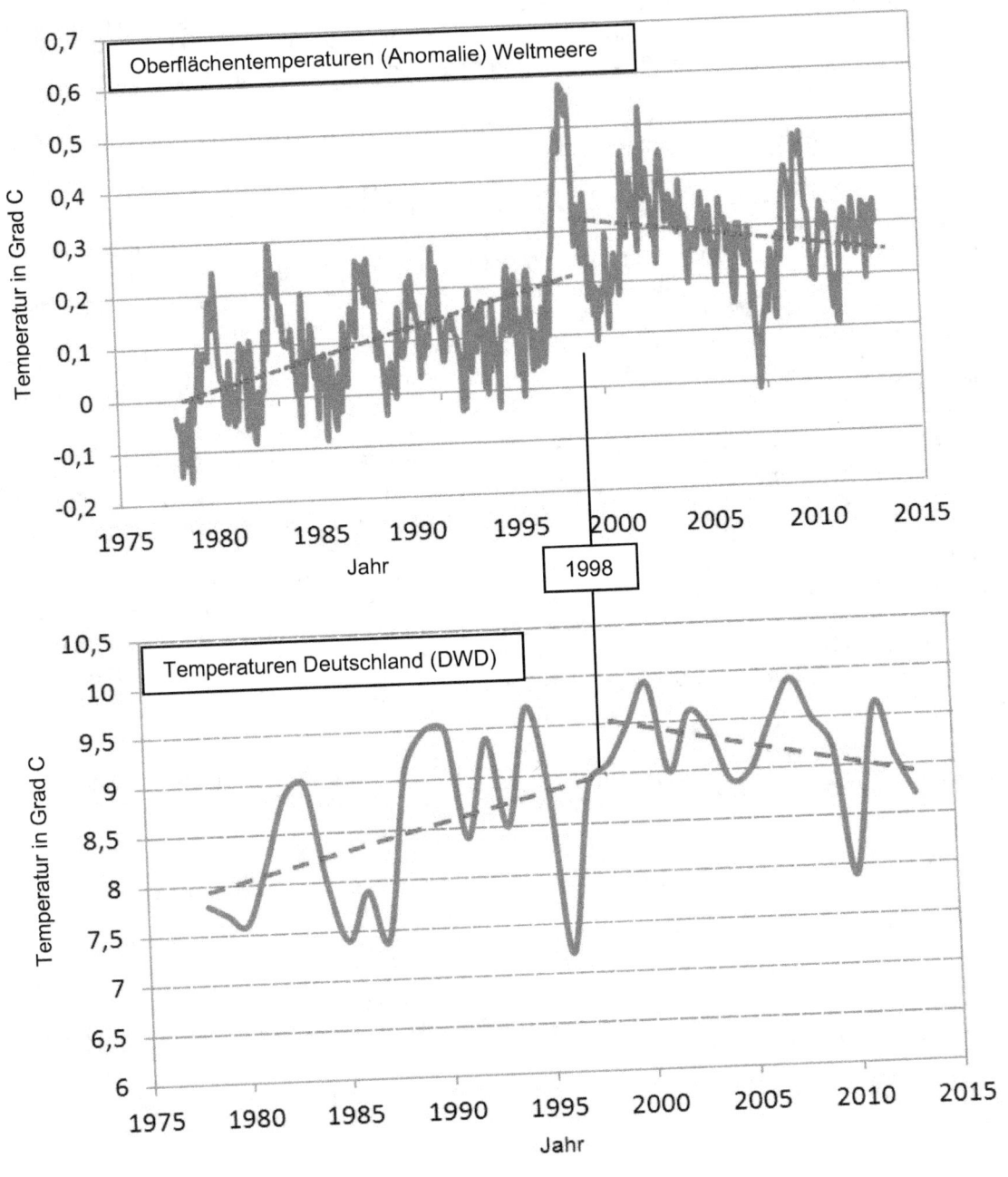

Abb. 4 : a) Oberflächentemperaturanomalien Weltmeere (www.woodfortrees.org)
b) Temperaturen Deutschland gesamt (DWD)
je mit linearen Trendgeraden von 1978-1998 und 1999-2014

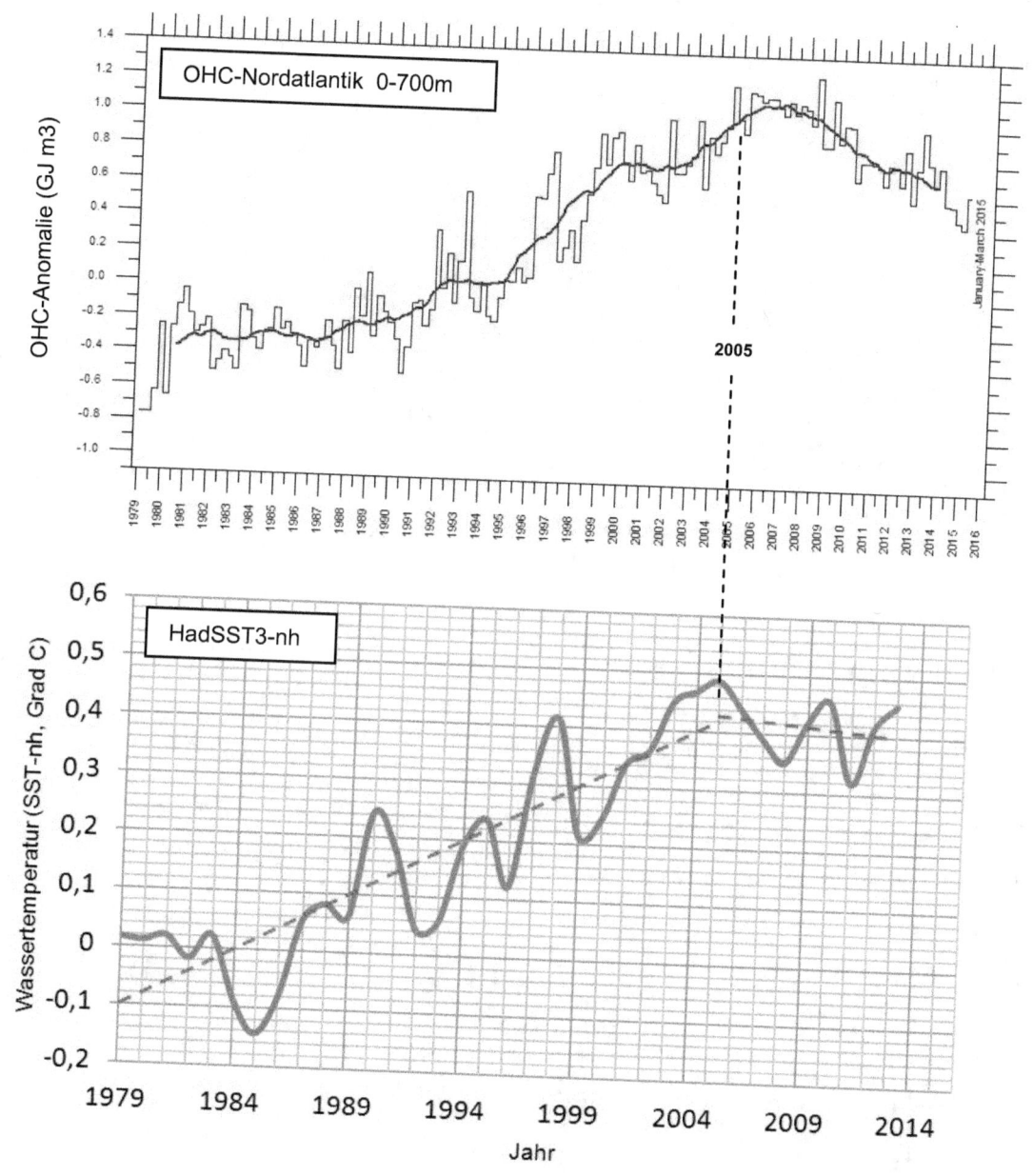

Abb. 5: OHC (ocean heat content Nordatlantik 0-700m, climate4you nach NOAA, oben) und Anomalien der Wasseroberflächentemperaturen der Nordhemisphere (HadSST3-nh, unten)

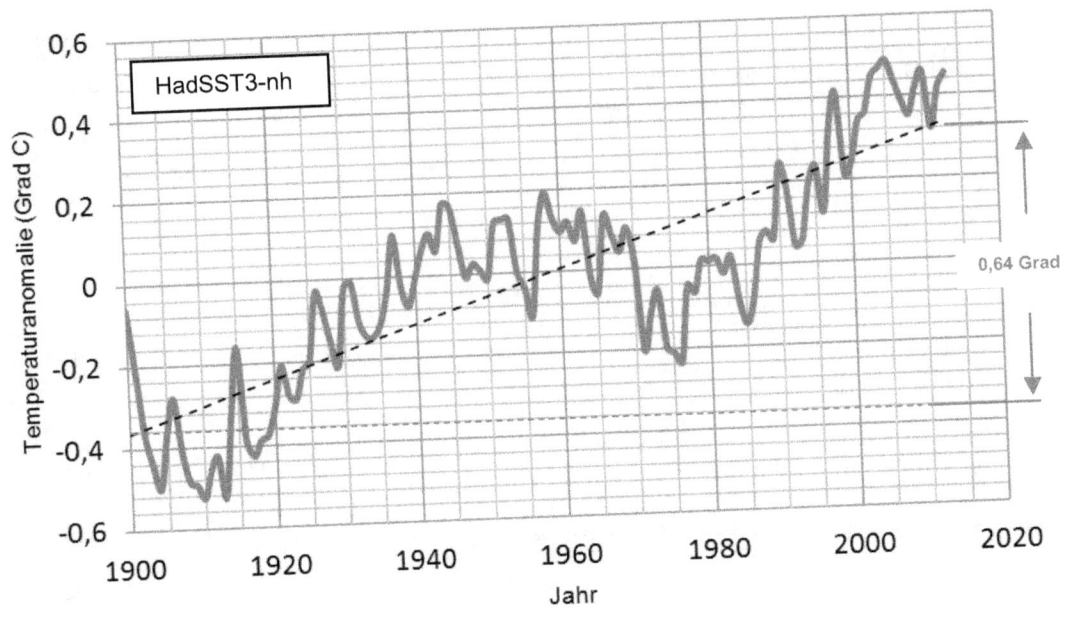

Abb. 6 : Anomalien der Wasseroberflächentemperaturen der Nordhemisphere (Had SST3-nh)

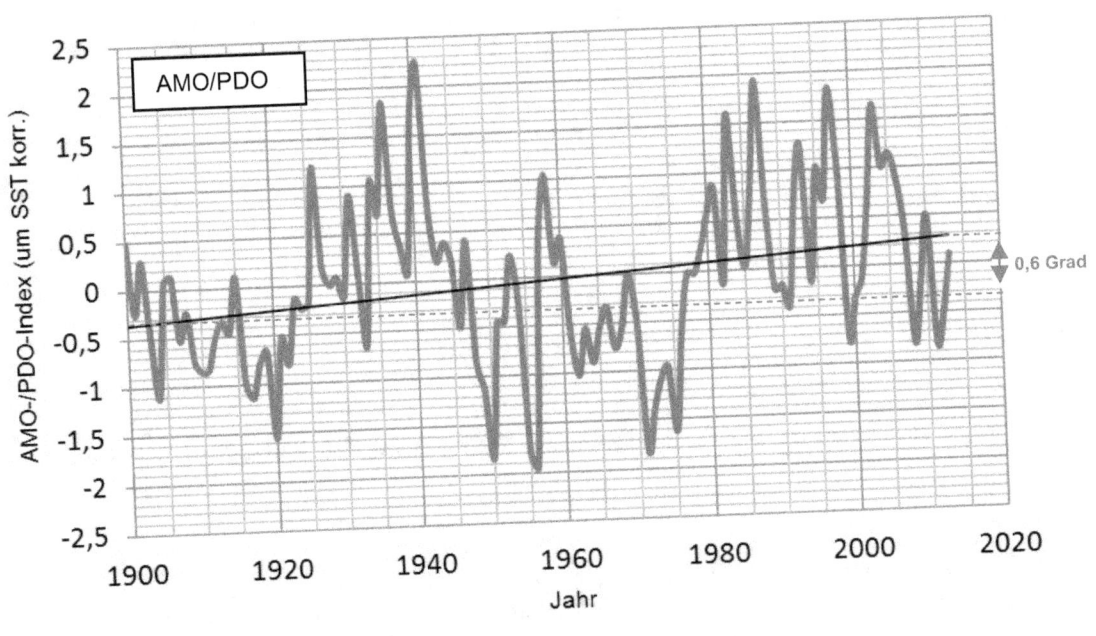

Abb.. 7: AMO/PDO-Temperaturindex (kombiniert und mit SST) und ihrem Gesamttrend

Bereits D'ALEO&EASTERBROOK (2011) konnten zeigen, dass PDO und AMO sehr wohl eine hohe Korrelation zu den Veränderungen der Lufttemperaturen der USA besitzen (siehe Abb. 8).

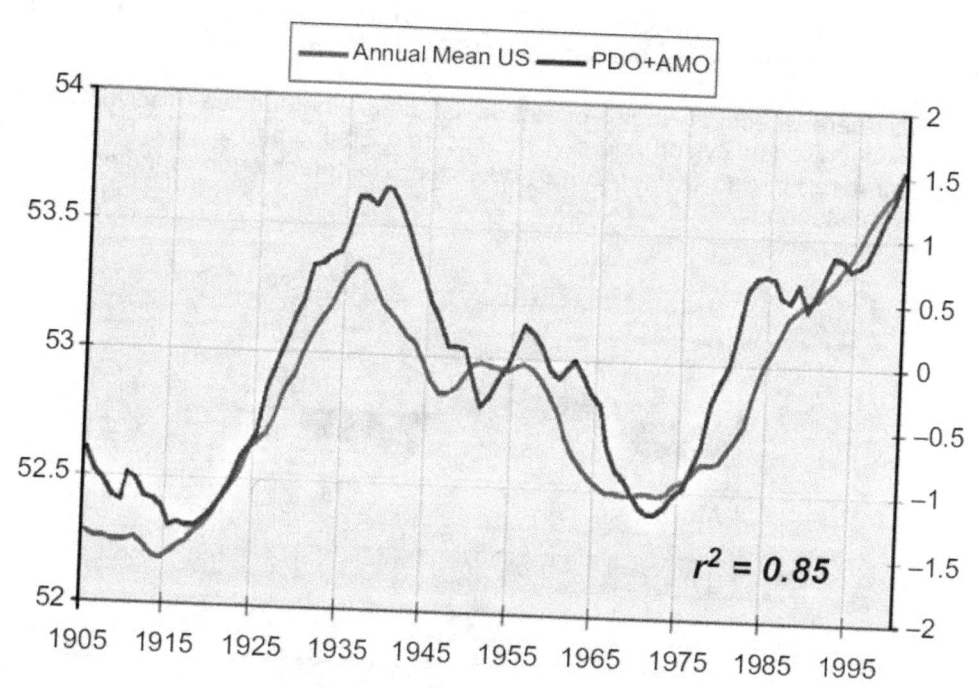

Abb. 8 : Verlauf der jährlichen Mitteltemperaturen in den USA und dem PDO-/AMO-Index (aus D'ALEO&EASTERBROOK 2011)

Ebenso kommt KURTZ (2015) in seiner vergleichenden Analyse von AMO bzw. PDO und den amerikanischen Lufttemperaturreihen zum Schluss, dass vor allem der Oszillationsmodus der AMO für etwa 72% der gesamten Temperaturzunahme der USA im Vergleichszeitraum zwischen 1900 und 2013 verantwortlich war, wobei der Beitrag real zwischen 86% und 42% liegt.

Die von KURTZ gerechneten Temperatur-/Zeit-Kurven stimmen gut mit den gemessenen Temperaturzeitreihen überein. Die geringe Abnahme der US-Temperatur von 1938-1974 wird vermutlich durch die Überlagerung des abwärts tendierenden Oszillationsmodus nach oben verursacht, während der zwischen 1980 und 2000 relativ grosse Temperaturanstieg in den USA durch die Überlagerung des aufwärts tendierenden ozeanischen Oszillationsmodus auf den aufwärts tendierenden Temperaturverlauf verursacht wurde.

Auch ZHANG&DELWORTH (2006) weisen die (positive) Beziehung zwischen der AMO-Veränderlichkeit und der Klima-Variation nach: Die Wahrscheinlichkeit von Niederschlägen in Indien/dem Sahel bzw. dem Auftreten von Atlantischen Hurrikans hängt gemäss ihrer Auswertungen eng zusammen mit der Veränderung der AMO.

LATIF u.a. (2006) belegt gleichfalls, dass auch die Thermohaline Zirkulation der Ozeane (THC) mit der Variation der Wassertemperaturen (SST) korreliert.

Was wir also bereits recht zwanglos erkennen, ist, dass eine deutlich positive Korrelation zwischen den ozeanischen Zyklen und den klimatischen Erscheinungen wie beispielsweise den 'Lufttemperaturen in den USA' (Abb. 8) oder den 'Niederschlägen in Indien bzw. dem Sahel' (Abb. 9) bestehen.

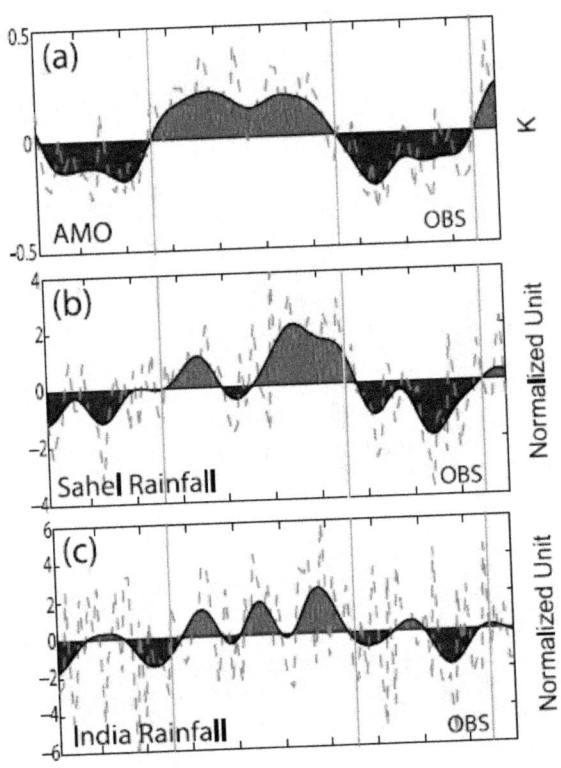

Abb. 9 : Verlauf der AMO (oben) und der Niederschläge in Indien bzw. dem Sahel zwischen 1900 und 2000 (aus ZHANG&DELWORTH 2006)

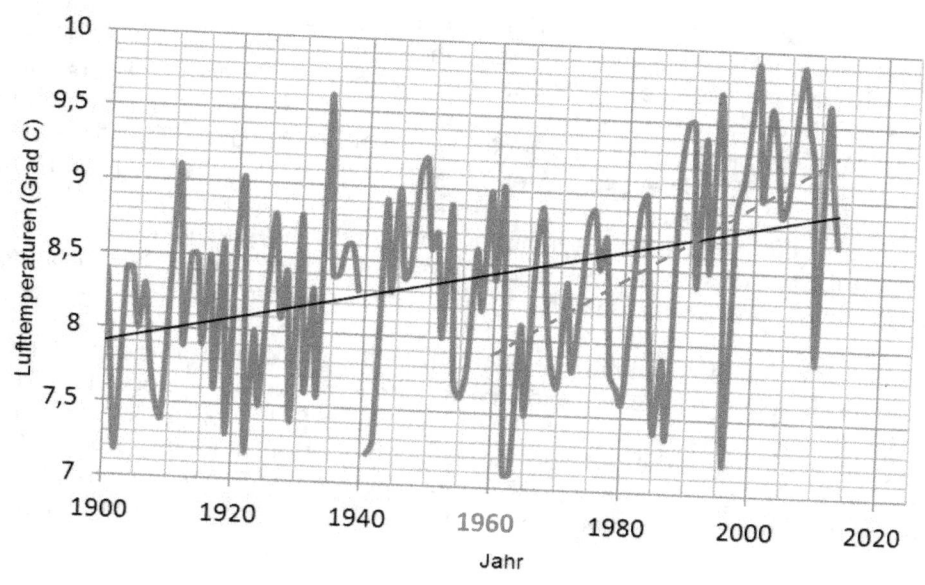

Abb. 10 : Lufttemperaturen in Deutschland (Jahresmittel mit Trend, nach DWD)

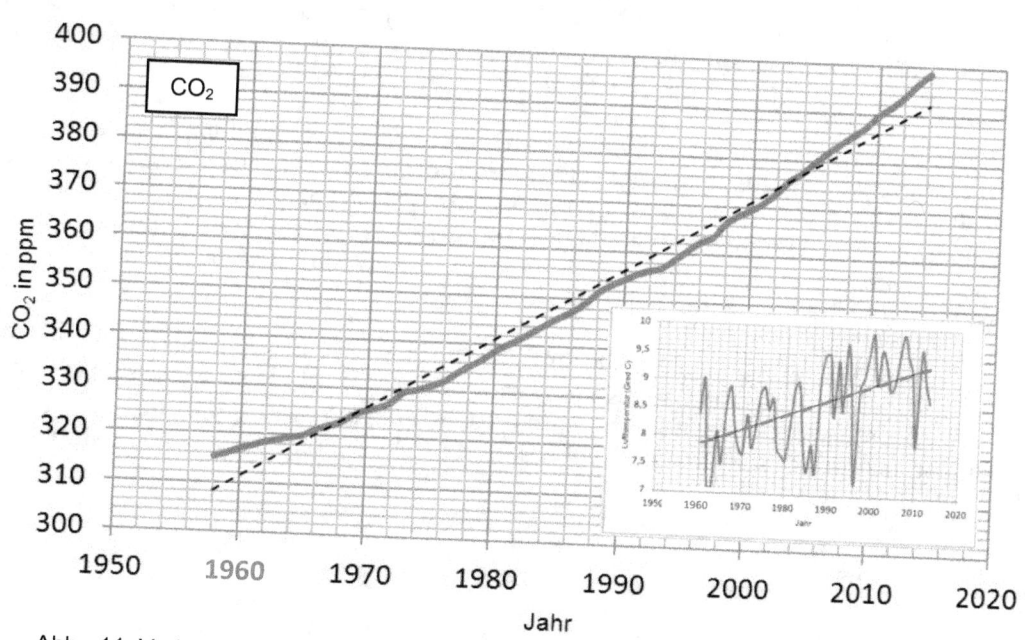

Abb.. 11: Verlauf des CO_2-Anstiegs an der Referenzmessstation Mauna-Loa (Hawaii) mit Trendgerade. Kleine Darstellung: Lufttemperaturen Deutschland 1960-2013, Ausschnitt aus Abb.10)

Werfen wir nun einen Blick auf die Entwicklung der Lufttemperaturen in Deutschland ganz allgemein. Nach Abb. 10 stiegen hier zwischen 1900 bis 2013 die mittleren Temperaturen um rd. 1 Grad an. Allgemein wird dies als ein eher linearer Trend interpretiert, der in Beziehung zur Entwicklung des CO_2 steht. Gewisse Zweifel an dieser 'Kausalität' entstehen bereits dadurch, dass die in Abb. 10 ebenfalls (in rot) eingetragene Trendlinie des Zeitabschnitts von 1960 bis 2013 deutlich steiler als im Gesamtzeitraum seit 1900 verläuft, ohne das sich jedoch der CO_2-Anstieg wirklich beschleunigt hätte (siehe Abb. 11). Und es ist ja auch ganz unstrittig, dass „direkte" Beziehungen bzw. kausale Anhängigkeiten in der Natur kaum existieren, bei CO_2 ebenso wenig. Es herrscht Einigkeit, dass hier Zwischenglieder eine Rolle spielen ... oder Zyklen das Thema sozusagen variieren?!

Die Frage ist, ob eine Zunahme der Welttemperaturen tatsächlich mehr oder weniger 'direkt' über die Erhöhung der atmosphärischen Temperaturen erfolgt, oder ob dabei nicht sehr viel stärker auch ozeanische Zwischenspeicher eine Rolle spielen könnten, in denen Energie „gepuffert" vorliegt. Diese Speicherenergie, wenn wir sie mal so nennen dürfen, kann wiederum in Abhängigkeit von (zyklischen) ozeanischen Transport- und Austauschvorgängen an die Atmosphäre abgegeben werden ... d.h. mal mehr und mal weniger, eben zyklisch.

Die Detailgrafiken in Abb. 12 (oben) greifen die Temperaturen aus Abb. 10 auf und stellen klar, dass auch die Lufttemperaturen in Deutschland „Schwingungen" oder Zyklen unterliegen: Von 1920 bis 1939 steigen die Temperaturen an (2), ebenso von 1970 bis zum Jahr 2000 (4). Von 1942 bis 1970 (3) fallen die Lufttemperaturen i.M. ab, ebenso wie sie ab dem Jahr 2000 absinken (5) ... von durchgehender Linearität also keine Spur. Und, ganz wesentlich für eine Erklärung dieser Differenzierung: Für die Entstehung der Temperatur-'Schwingungen' müsste es einen wertveränderlichen Puffer geben, allein die Atmosphäre kann diese Zyklizität aus physikalischen Gründen vermutlich nicht in sich tragen.

Spannend ist also, was passiert, wenn man diese Trends der Lufttemperaturen in Deutschland einmal grafisch zusammen mit der **Veränderlichkeit**, d.h. den **Zyklen** von AMO/PDO aufträgt: Es zeigt sich, dass genau in den Zeiträumen, in denen die Wassertemperaturen der beiden grossen ozeanischen Zyklen aus AMO und PDO *ansteigen*, auch die Lufttemperaturen in Deutschland *zunehmen* ... und wenn die AMO/PDO *fallen*, dann *sinken* auch die Lufttemperaturen in Deutschland ab (siehe Abb. 12 unten).

Ein interessanter Nebenaspekt nach Abb. 12: Die Jahresmitteltemperatur in Deutschland beträgt 8,5 ^0C. Wenn man dies sozusagen als Massstab für die Nulllinie des AMO-/ PDO-Index anlegt, ergibt sich ein erstaunlich harmonisches Gesamtbild ... mit einem Anstieg der Mitteltemperatur von rd. 7,9 ^0C (1900) auf 8,9 ^0C (2013) bzw. rd. 0,9 ^0C in 100 Jahren (1900-2000, siehe auch Abb. 10).

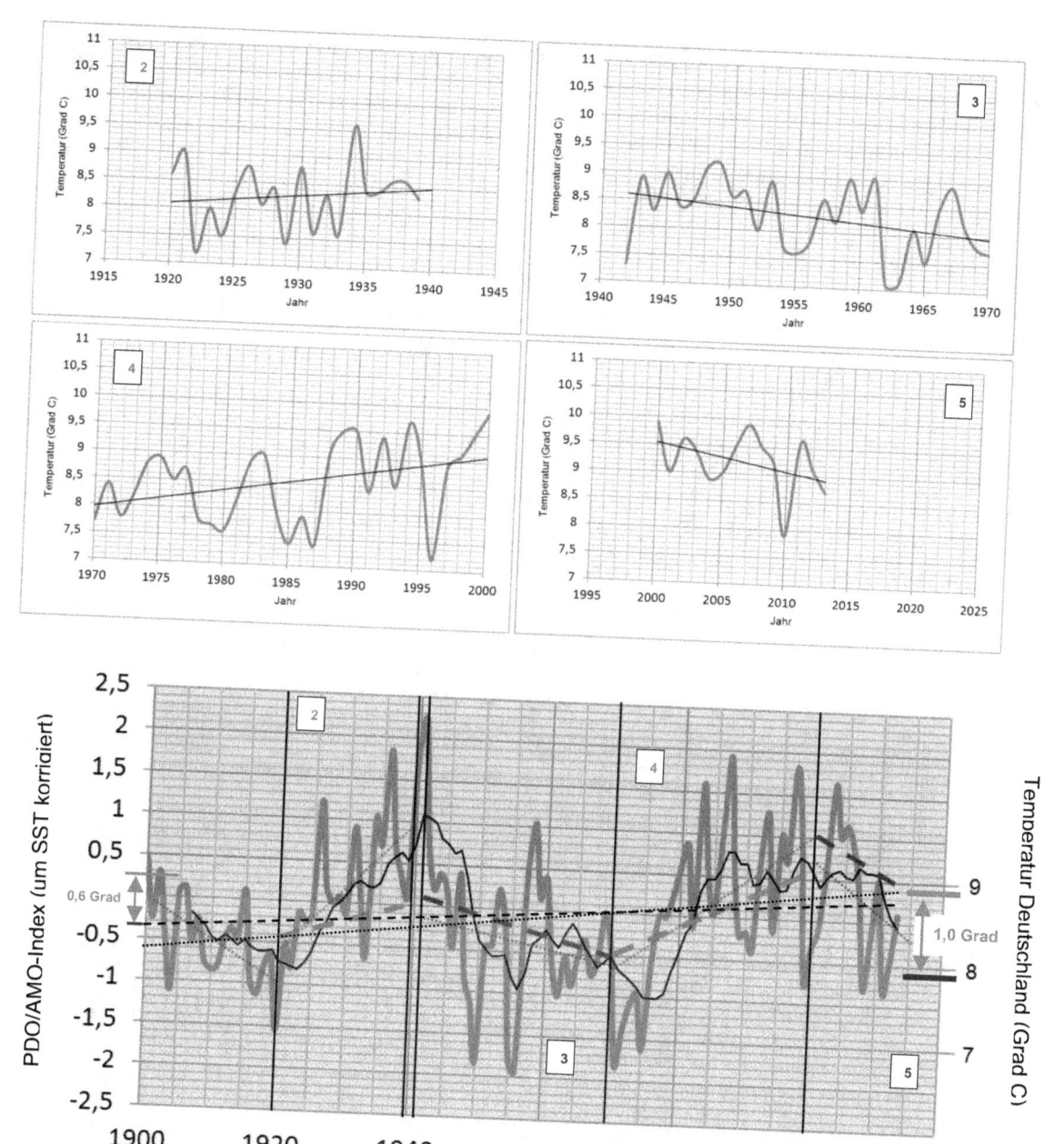

Abb. 12: PDO und AMO (kombiniert) und Temperaturtrendgeraden für Deutschland nach DWD (Trendgerade IST je Zeitraum = ▬ ▬ ; theoretisch nach AMO/PDO = ▬ ▬ ▬ Anstieg der Lufttemperaturen im Gesamtzeitraum = ········ ; Anstieg des AMO/PDO-Index = ─ ─), siehe Abb. 3 . [1] bis [5] = Trendzeiträume, oben isoliert/ unten im Gesamtbild und in Relation zu AMO/PDO dargestellt.
0,6 Grad C = Anstieg AMO/PDO-Index ; **1,0 Grad C** = Anstieg Temperaturen in D

Um reinen Zufall kann es sich nicht handeln. Und um das Bild im wahrsten Sinne des Wortes nochmals zu verdeutlichen, ist in Abb. 13 der (vor allem) prägende Verlauf der PDO allein aufgetragen: Die parallel eingezeichneten Trendgraden der Lufttemperaturen in Deutschland decken sich sehr gut mit jenen der PDO-Anomalien: Wenn's in der PDO „rauf" geht, steigen die Lufttemperaturen in Deutschland an, wenn die PDO „runter" fällt, dann sinken auch die Lufttemperaturen in Deutschland ab.

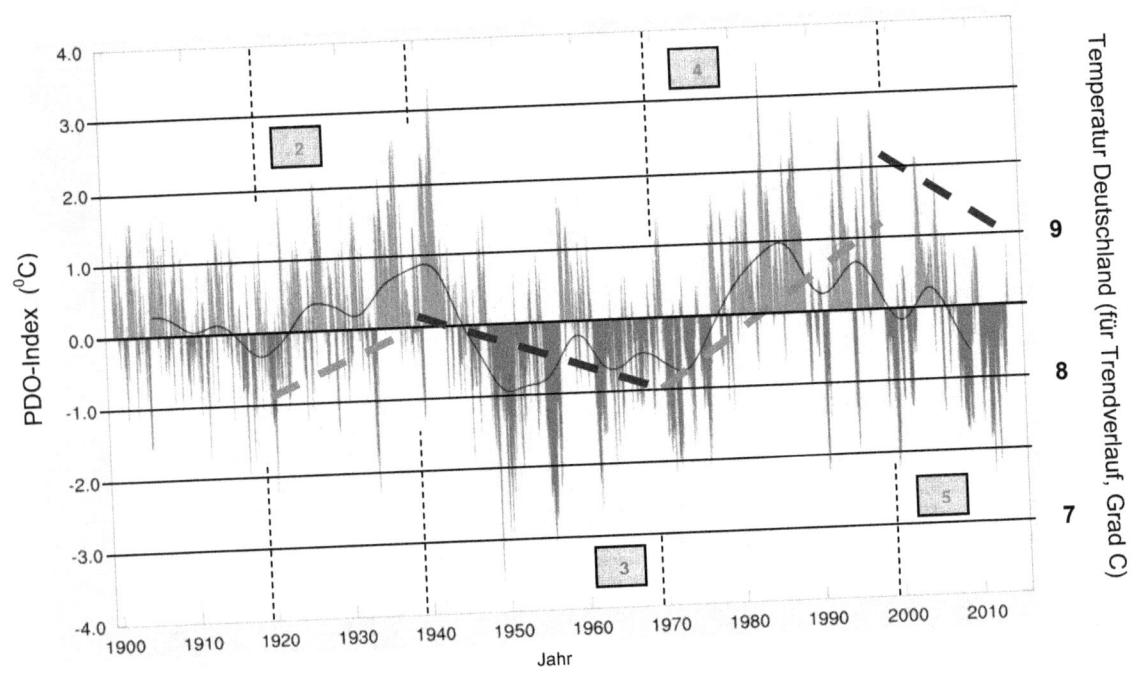

Abb. 13: PDO-Index der Wassertemperaturen (linke Achse, °C) und Lufttemperaturen Deutschland (rechte Achse, °C) je Zeitraum 1 bis 5 aus Abb. 12 mit Trendgeraden (▬ ▬ ▬). Achtung: In dieser Darstellung sind die PDO-Temperaturen NICHT um sie SST korrigiert, liegen also spätestens ab 1960 zunehmend und in Relation zu den Lufttemperaturen Deutschlands *zu tief* (siehe daher auch unbedingt Abb. 3)

Die Frage steht im Raum: „Was kommt von was"? Zum Glück lässt sich dies mit den gültigen Gesetzen der Physik durchaus beantworten: Die Quelle der Temperaturschwankungen/der Zyklizität befindet sich mit grosser Wahrscheinlichkeit in den Ozeanen. Allein die Wärmeleitfähigkeit von Wasser liegt mit 0,5562 λ mehr als deutlich über jener von Luft, die nur 0,0262 λ beträgt. Der Energie-Übergang von Wasser zu Luft erfolgt zeitnah, die im Wasserkörper zur Verfügung stehende Energie wird kontinuierlich und unabhängig vom Tagesgang der atmosphärischen Temperaturschwankungen nachgeliefert. Besonders bei einer im Vergleich zur darüber lagernden/strömenden relativ kühleren Atmosphäre besteht bei einem beständig wärmeren Warmwasserkörper (z.B. im Bereich des Nordatlantikstroms, siehe Abb. 2) primär ein „sea –air" heat flux.

Natürlich kann mit dieser Veröffentlichung keine umfassende Ableitung getroffen werden, wie die Mechanismen der Übertragung ablaufen, hier ist die physikalische Ozeanographie gefragt. AMO und PDO dürften jedoch mit grosser Wahrscheinlichkeit die Lufttemperaturen **oberhalb** der Ozeane mit steuern … zyklisch und in einer Wirkung, die bis hin nach Europa trägt.

Hinter diesem Muster eines sehr engen Gleichklangs steckt zwangsläufig ein Transportmechanismus und zwar unzweifelhaft jener der atmosphärischen Zirkulation. Der Verfasser hatte bereits 2016 dazu das Grundprinzip in Form der allgemeinverständlichen These einer „Warmwasserheizung mit Umluft" formuliert.

Es ist sehr unwahrscheinlich, dass die Lufttemperaturen die Ozeane *zyklisch* „wärmen" bzw. „kühlen". Rein physikalisch ist dies in unmittelbarer Wirkung aufgrund der Wärmeflussbedingungen in dieser Weise kaum vorstellbar. Anders herum aber durchaus. Denn in den Wasserkörpern der Ozeane steht Energie in sehr, sehr grosser Dimension bereit … manchmal zwar ´etwas weniger´, manchmal aber auch ´etwas mehr´, je nach interner Variabilität der Austauschprozesse im Wasserkörper selbst. Was allerdings, und wie schon erwähnt, diese zyklischen Veränderungen letztlich verursacht, ist Stand der Diskussion, eine Lösung steht noch nicht wirklich bereit (siehe Dijkstra, H.A u.a. 2006).

Aber lassen Sie uns zunächst noch einmal auf die Details der Beziehung zwischen den Ozeanen und der Veränderlichkeit der Lufttemperatur in Deutschland zurückkommen.

Die mittleren Lufttemperaturen in Deutschland liegen im Trend leicht *über* denen der kombinierten AMO/der PDO-Abweichung (um die SST zurückkorrigiert) und das mit zunehmender Tendenz (von jedoch nur rd. 0,35 ^{0}C in 100 Jahren).

D.h., es gibt einen nur geringfügig höheren Anstieg der Lufttemperaturen in Deutschland gegenüber jenen des Atlantiks (AMO) bzw. des Pazifiks (PDO). Wenn man davon ausgeht, dass die AMO/PDO als „Warmwasserheizung" den grössten Teil der Lufttemperaturveränderungen in Deutschland bereits ´vorgelegt´ hat, ist dies logisch. Der in Deutschland registrierte Anstieg der Temperaturen beläuft sich insgesamt auf rd. +1 ^{0}C seit dem Jahr 1900, jener der AMO/PDO im gleichen Zeitraum auf 0,6 ^{0}C … bleibt eine Differenz von 0,4 ^{0}C, für die ein zusätzliches „forcing" verantwortlich sein muss (siehe Abb. 14).

Die Abb. 14 zeigt, dass die Abweichungen der Lufttemperaturen in Deutschland von denen der AMO/PDO immer dann relativ höher sind, wenn die AMO/PDO **negativ** verläuft und (umgekehrt) tiefer sind, wenn die AMO/PDO sich in einem **positiven** Zyklus befindet.

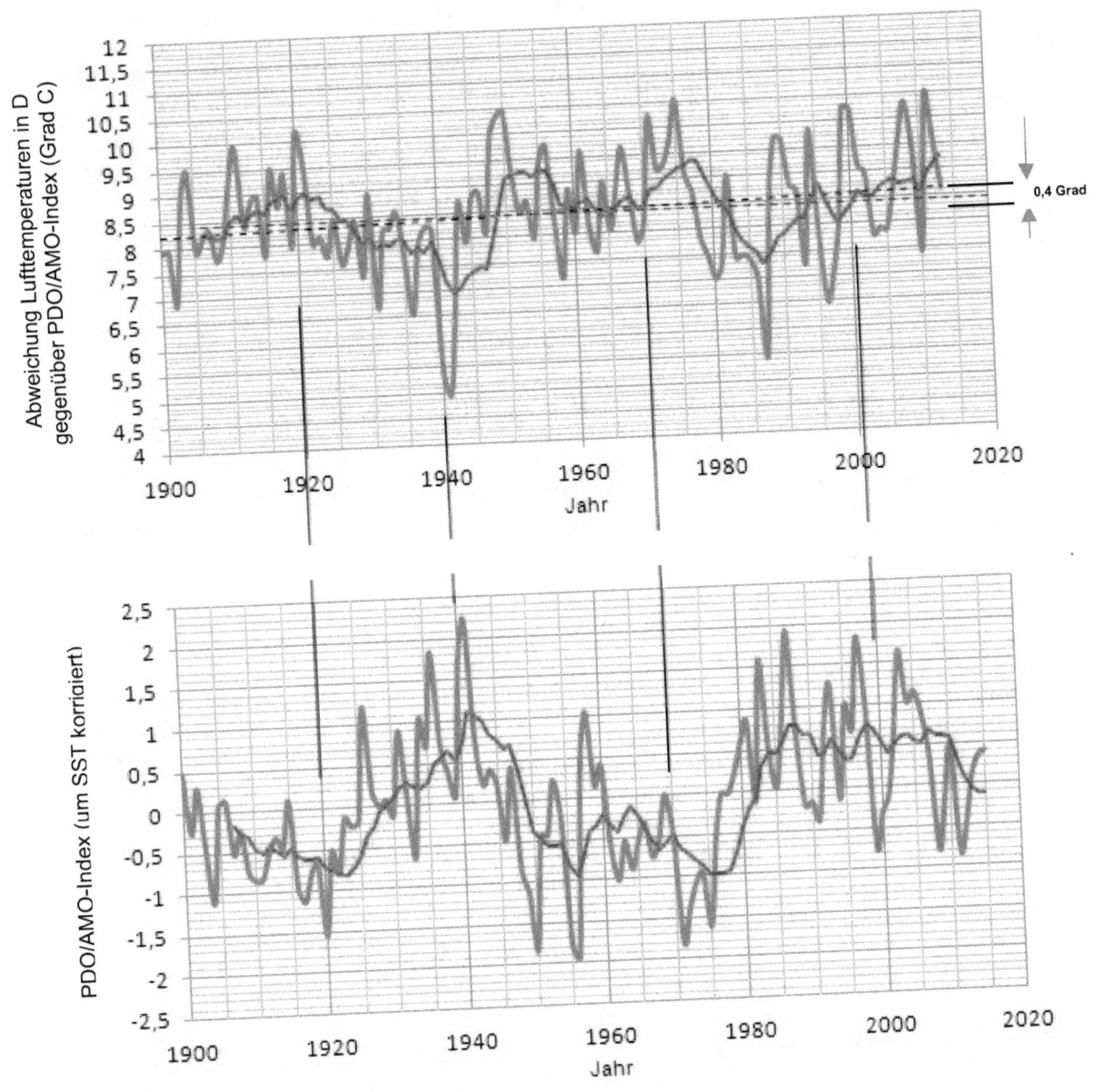

Abb. 14 : Abweichung der Lufttemperaturen in Deutschland gegenüber dem AMO/PDO-Index mit 8-jährigem übergreifenden Mittel (rote Linie, oben) und der AMO/PDO-Index mit 8-jährigem übergreifenden Mittel (rote Linie, unten)

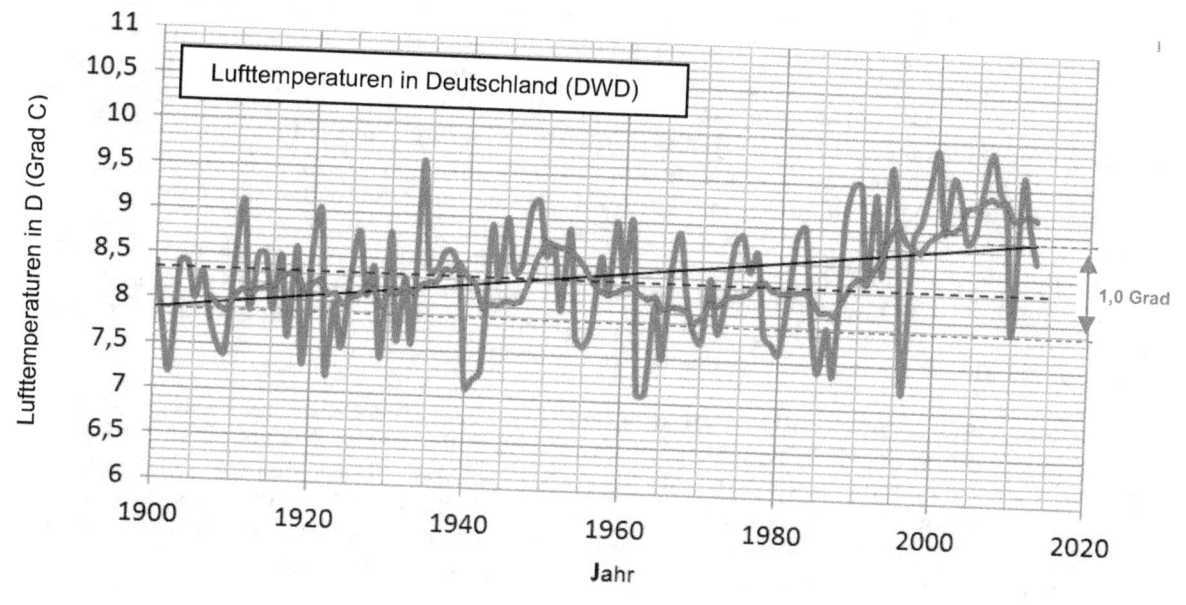

Abb. 15: Lufttemperaturen in Deutschland (Jahresmittel nach DWD) mit Trendverlauf (schwarz = linear ; rot = 8-jähriges übergreifendes Mittel). Siehe auch Abb. 10.

Die grössten Abweichungen zwischen dem festländisch-europäischen Temperaturtrend und jenem der AMO/PDO finden sich Anfang der 40er Jahre und zum Ende der 80er Jahre des letzten Jahrhunderts, beidemal 'negativ' (siehe Abb. 14 oben).

Wie schon gesagt und in Abb. 15 gut zu erkennen, steigen die Lufttemperaturen in Deutschland an, seit 1900 ist es rd. 1 °C. Wie die rote Linie der übergreifenden Mittel der Abbildung 14 bereits zeigt, ist es aber kein linearer Trend, sondern Zeiten steigender Lufttemperaturen wechseln sich ab mit Zeiträumen vorübergehend absinkender Temperaturen, so wie es die Abb. 12 aufschlüsselt.

Wichtig ist die Erkenntnis, dass die Trends der Lufttemperaturen in Korrelation zu jenen der ozeanischen Zyklen aus AMO/PDO stehen: Befinden sich AMO/PDO in einem negativen Bereich, dann fallen auch die Lufttemperaturen in Deutschland ab. Befinden sich AMO/PDO im positiven Bereich, dann steigen auch die Temperaturen in Deutschland an. Unter Wiedereinrechnung der SST steigen die AMO/PDO-Temperaturen zwischen 1900 und 2013 um 0,6 °C an, während in Deutschland die Lufttemperaturen um rd. 1,0 °C zunehmen. 0,4 °C Temperaturzunahme in 113 Jahren müssen daher auf einen zusätzlichen „Mechanismus" zurückgeführt werden.

Sicher ist damit aber auch, dass es nicht das atmosphärische CO_2 allein sein kann, das die Temperaturen insgesamt in Deutschland 'treibt'. Es sind vor allem erst einmal die ozeanischen Zyklen, die die Veränderlichkeit der Lufttemperaturen sozusagen verantworten ... denn steigen die Wassertemperaturen von AMO/PDO an, steigen auch die Lufttemperaturen in Deutschland, fallen die Wassertemperaturen aus AMO/PDO ab, dann sinken auch die Lufttemperaturen in Mitteleuropa. Dies geschieht wie gesagt in einem sehr sauberen Gleichklang ... CO_2, das seit über 100 Jahren fast linear ansteigt, wird natürlich bei der Zunahme der Meerestemperaturen ebenso eine Rolle gespielt haben wie beim Anstieg der atmosphärischen Temperaturen. Dennoch fällt CO_2 damit als alleiniger Faktor zur Erklärung dieser Veränderung aus. Ob das CO_2 jedoch zumindest die 0,4 °C Zunahme der Temperaturen in Deutschland erklärt, bleibt offen. Denn sicher ist, dass es neben den ozeanischen Zyklen noch eine zusätzliche „Kraft" geben muss.

Wie KNUDSON u.a. (2016) zeigen können, wird diese These inzwischen sogar durch numerische Modelle gestützt (siehe Abb. 16): Die Trends der Beobachtungsreihen Berkeley (Berk adjusted), Cowtan/Way (CW adjusted), sowie HadCRUT4 (CRU adjusted) in der Abb. 16 unterscheiden sich im Vergleich des Zeitraums 2001-2015 (0,011±0,005 K/a) zu jenem von 1982-2015 (0,019+0,0017 K/a) mit einem 95%-Konfidenz-Niveau deutlich. Der „Slowdown" in der Erwärmungsrate nach 1997 im Vergleich zu den Werten nach ca. 1975 ist damit real und weitab von möglichen Zufällen, d.h. statistisch signifikant. Vor allem aber ist eines wichtig: Die AMO (violett) gibt offensichtlich den Takt vor, ihr Trend eilt denen der GMST um ca. 4 Jahre voraus. D.h., die AMO steuert den Temperaturverlauf wesentlich mit.

Das Ganze letztlich zu verstehen ist nicht ganz so einfach. Kehren wir daher nochmal zu unserer Analogie einer weltweit (über „Umluft") arbeitenden „Warmwasserheizung" zurück, wie sie der Verfasser in Band 1 vorgestellt hat, und stellen uns emotionslos und im übertragenen Sinne vor: Mit einer 'Kessel-' bzw. Vorlauftemperatur von (angenommen) 15 °C im Jahr 1900 erreichte die Heizung unseres Hauses eine tatsächliche 'Wohnungs'-Temperatur von 8 °C. Die 'Zimmer'-Temperaturen lagen also damals rd. 7 Grad **unter** der der Kessel-(Vorlauf-)Temperatur ... was in diesem fiktiven Beispiel dann sozusagen der normale Verlust im System wäre.

Im Jahr 2013 beträgt die Vorlauftemperatur der Warmwasserheizung 15,6 °C, ein Plus von 0,6 °C. Und wo steht unsere Zimmertemperatur? Sie zeigt 9 Grad an. D.h., die Vorlauftemperatur ist nur um 0,6 Grad angestiegen, unsere Zimmertemperatur jedoch um 1 °C geklettert ... 0,4 Grad sind also, salopp gesagt, 'von irgendwo' dazugekommen. Irgendetwas hat dieses 'mehr' an Wärme zu verantworten.

In Analogie wiederum wäre es nun vorstellbar, dass im Jahr 1900 entweder der Wärmeverlust **höher** war als heute oder aber der Wärmeverlust heute um 0,4 °C **geringer** ausfällt als damals. D.h. es könnte sein, dass es einen Faktor gibt, der heute bzw. im Jahr 2000 den Wärmerückhalt optimiert hat. Der erste Gedanke: Die 'Dämmung des Gebäudes' wurde verbessert. Oder aber es gibt einen Faktor, der damals *geringer* war als heute, z.B. die Sonneneinstrahlung, die in die Wohnung/ins Zimmer gelangt, sprich, es kommt im Jahr 2000 ein „mehr" an Sonnenwärme in den Raum als damals im Jahr 1900?

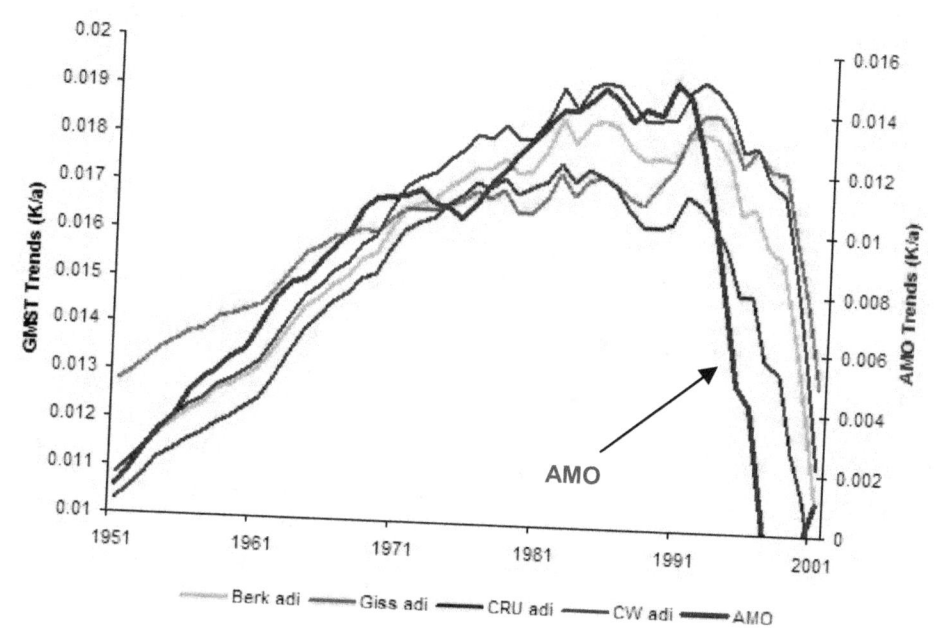

Abb. 16: Trends der Modellrechnungen von Berkeley, GISS, HadCRUT4 und Cowtan/Way im Vergleich zur AMO. Die Trendkurven sind gerechnet je Startjahr in Relation zum Jahr 2015 (aus KNUDSEN u.a. 2016). GMST = Global Mean Surface Temperature

Diese Analogie meint: Könnte es sein, dass zwar im Jahr 1900 +/- die gleiche Wärme von der ozeanischen Meeresoberfläche ins System der globalen atmosphärischen Zirkulation abgegeben wurde wie im Jahr 2000 (siehe die AMO-/PDO-Levels beider Jahre, die sich auf ähnlichem Niveau befinden), dass aber 100 Jahre später entweder eine andere (unbekannte) Einflussgrösse stärker geworden ist oder/und aber ein geringerer Wärmeverlust als damals auftritt? Oder anders und konkret angewandt formuliert: Könnte im Jahr 2000 z.B. eine *verstärkte* Solarwirkung gegenüber dem Jahr 1900 gegeben sein und/oder hat vielleicht die Zunahme des CO_2 die Lufttemperaturen gegenüber damals *zusätzlich* ansteigen lassen, z.B. durch verringerte atmosphärische Abstrahlung,? Oder waren es noch andere Einflussgrössen?

Sicher ist, dass das Jahr 1900 im Tiefpunkt der Sonnenflecken der Zyklen 13 und 14 lag (mit einem relativen Minimum der Sonnenfleckenzahl zwischen 1880 und 1910, siehe Abb. 17). Und zumindest auffällig ist, dass gerade im Zeitraum zwischen 1960 und 1980 sowohl die Sonnenfleckenzahl einen Einbruch hatte (SC20) als auch die Lufttemperaturen in Deutschland (nach der Korrektur durch den AMO/PDO-Einfluss) eine „Delle" aufweisen ... insgesamt hat die mittlere Anzahl der sunspots gegenüber dem Ausgangspunkt des Jahres 1900 um $^2/_3$ zugenommen und befindet sich nun wieder auf einem 'absteigenden Ast'.

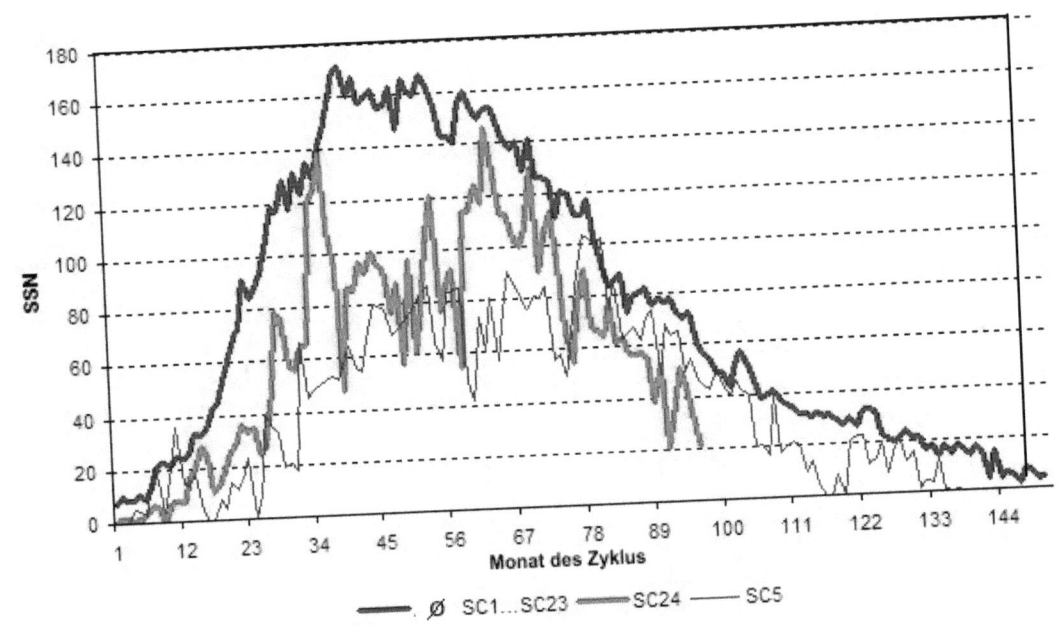

Abb. 17 : Der Verlauf des Sonnenflecken-Zyklus Nr.24 (rot) im Vergleich zu einem mittleren Zyklus, errechnet aus den Mittelwerten der monatlichen SSN seit 1755 (blau) und dem seit vielen Monaten recht ähnlichem Zyklus Nr. 5 (schwarz, Beginn des sogenannten DALTON-Minimums bzw. der „Kleinen Eiszeit" um 1795). Aus BOSSE&VAHRENHOLT 2016

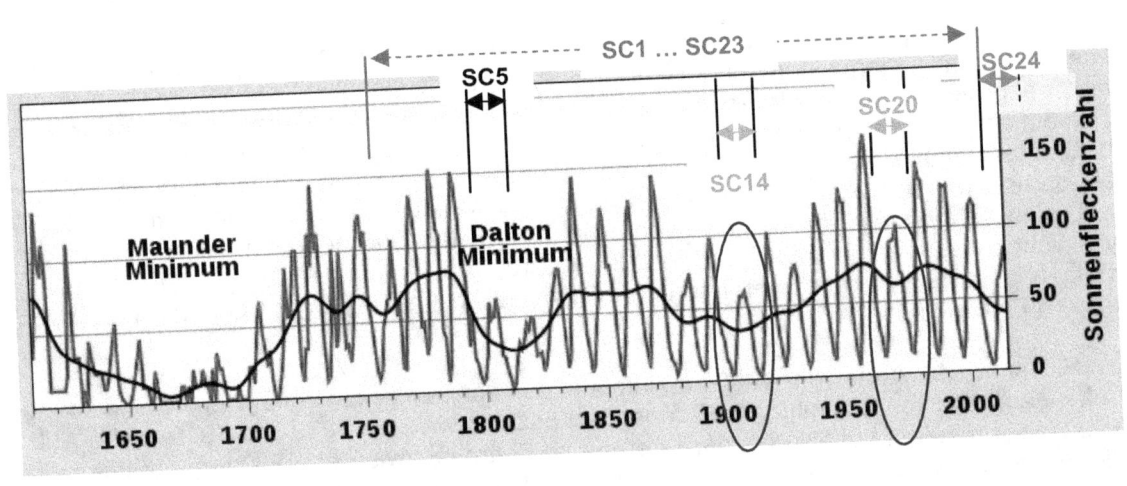

Abb. 18: Sonnenfleckenzahl zwischen 1600 und heute mit Maunder- sowie Dalton-Minimum und einem weiteren Minimum um 1895-1915 sowie 1960-1980 (aus WIKIPEDIA)

Ob dies eine reale Wirkung auf die Lufttemperaturen hatte, kann derzeit noch nicht belegt werden, es ist allerdings und wie gesagt eine Auffälligkeit. Richtig ist aber auf jeden Fall, dass der CO_2-Gehalt der Atmosphäre im Jahr 2000 um rd. 100ppm bzw. 35% über dem Wert des Jahres 1900 liegt. Vielleicht besitzt *beides zusammen* (aber natürlich je unterschiedlich stark) genau jenen Einfluss, der die Lufttemperaturen in Mitteleuropa im Jahr 2000 um rd. 1,0 °C gegenüber den des Jahres 1900 hat ansteigen lassen … obwohl die „Warmwasserheizung"/der heat flux an sich heute noch genauso funktioniert wie damals!?

Die nächste Frage ist: Funktioniert die 'Warmwasserheizung' heute *wirklich* noch genauso wie vor 100 Jahren? Und, wie sieht es denn nun in Europa insgesamt aus?
Abb. 19 zeigt die Lage der für eine Überprüfung der bisherigen Ergebnisse ausgewählten Stationen in Mitteleuropa an. Alle Messstellen reichen in ihren Aufzeichnungen bis mindestens zum Jahr 1900 zurück.

Die Abbildungen 20 bis 23 (und Anhang) belegen, dass es ein **übereinstimmendes Muster der Temperaturveränderlichkeit in Europa** gibt. D.h., entwickeln sich die ozeanischen Zyklen aus PDO und AMO in Richtung „wärmer", dann steigen auch die Temperaturen in Europa an. Bewegen sich hingegen die ozeanischen Zyklen in Richtung „kühler", dann sinken auch die Lufttemperaturen in Europa ab.

Interessant ist, dass bei nahezu allen Stationen die Werte zweier Jahre aus dem Muster der Temperaturzusammenhänge herausfallen. Es sind dies die Jahre 1940 und 1941. In diese beiden Jahre fällt das Maximum bzw. der maximale 'peak' der PDO/AMO-Temperaturen der Gesamtzeitreihe. Hier passen, wenn man es so formulieren darf, die Lufttemperaturen Mitteleuropas nicht zu jenen der PDO/der AMO.

Eine Erklärung bietet sich an, denn die relative Absenkung der Jahresmitteltemperaturen in 1940-1941 wird primär verursacht durch zwei aussergewöhnlich kalte **Winter!** Es kann spekuliert werden, dass mit den sehr hohen Indices der PDO/AMO eine vorübergehende Verschiebung der atmosphärischen Zirkulation (Rossby-Wellen) in den Wintermonaten stattfand … mit der Folge, dass polare Kaltluft in ungewöhnlich intensiver Form nach Mitteleuropa transportiert wurde.

Diese Überlegung steht zunächst als These im Raum und bedarf noch der Überprüfung über alte meteorologische Aufzeichnungen, die allerdings (und zufällig) ausreichend vorhanden sein sollten: Gerade 1940-1941 machte die Deutsche Militärbesatzung in Nord-Norwegen umfangreiche meteorologische Messungen bzw. Beobachtungen der Eisverhältnisse (*).

(*) Als Randnotiz der Geschichte sei notiert: Ausgerechnet der Grossvater der Ehefrau des Verfassers, Herr Prof. Dr. Bruno Schulz, der seit den 20er Jahren an der Seewarte in Hamburg arbeitete und ab 1938 eine Professur für Ozeanographie an der Universität Hamburg inne hatte, wurde während des 2.Weltkriegs nach Norwegen abkommandiert. Er war mitverantwortlich für die damaligen meteorologischen und hydrographischen Messprogramme in dieser Region. Persönliche Daten, vor allem zu den Eisverhältnissen (Luftbilder) befinden sich teils im Familienarchiv. Die Welt ist klein … .

Abb. 19: Messstationen mit Daten aus GISS, HISTALP und METEOSWISS (siehe Abb. 20 bis 23)

Klimazone (*)		Ort/Messstelle	
Ozeanisch	=	Bergen (N)	= Abb. 27
"	=	Aberdeen	= Abb. 20
"	=	Nantes (F)	= siehe Anhang
Sub-ozeanisch	=	Kopenhagen (DK)	= siehe Anhang
"	=	Potsdam (D)	= Abb. 21
"	=	Brüssel (B)	= siehe Anhang
"	=	Zürich (CH)	= siehe Anhang
Kontinental	=	Wroclaw (PL)	= Abb. 22
"	=	Lwiw (UKR)	
"	=	Wien (AT)	= siehe Anhang
Mittelmeerklima	=	Genua (I)	= Abb. 23
"	=	Split (HR)	= siehe Anhang

(*) nach TROLL und PAFFEN

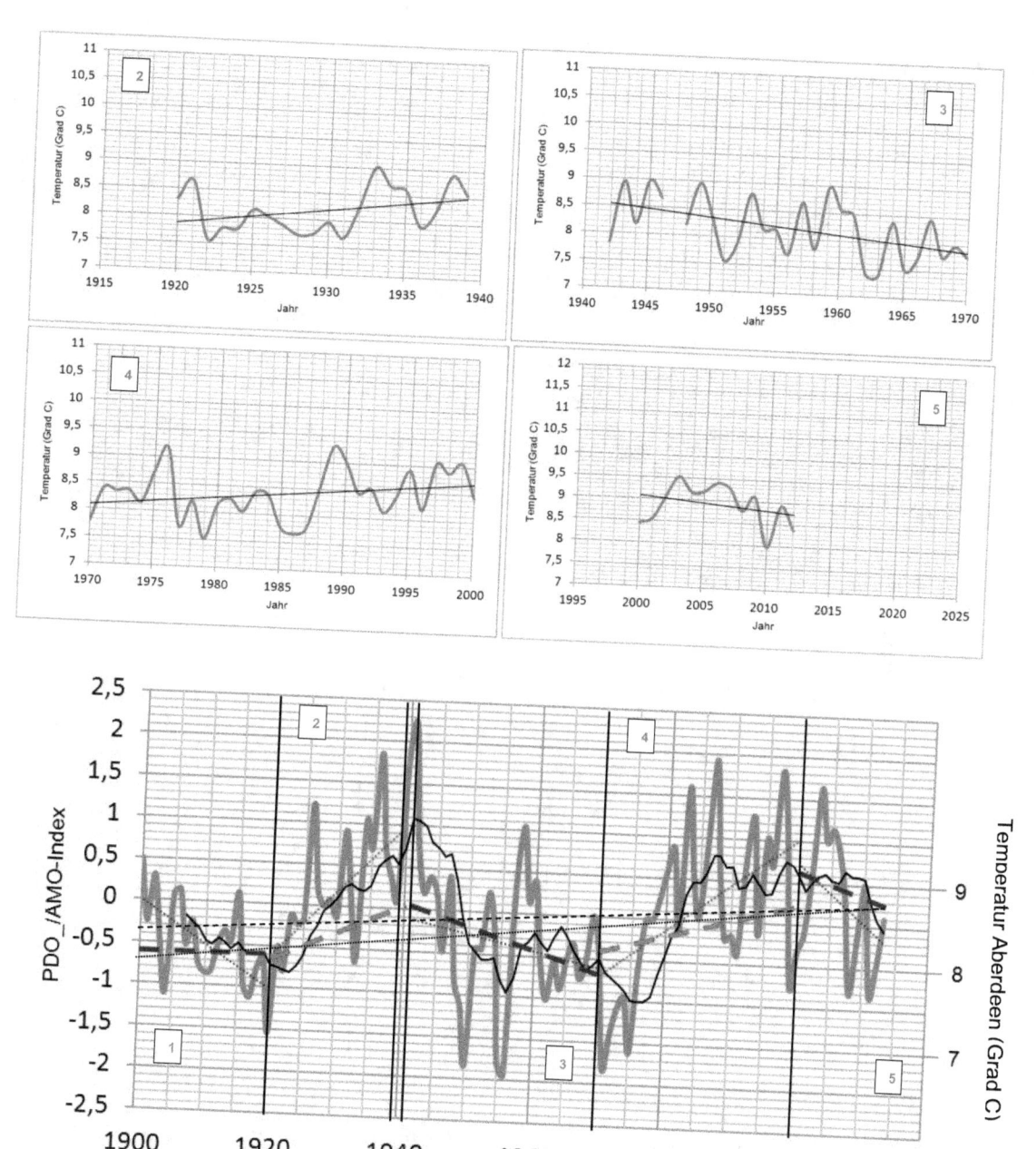

Abb. 20: PDO und AMO (kombiniert) und Temperaturtrendgeraden für ABERDEEN (GB) nach GISS (Trendgerad IST je Zeitraum = ≡ ≡; theoretisch nach AMO/PDO = ≡ ≡ ≡ Anstieg der Lufttemperaturen im Gesamtzeitraum = ·········· ; Anstieg des AMO/PDO-Index =– – –), siehe Abb. 3 . 1 bis 5 = Trendzeiträume, oben isoliert/ unten im Gesamtbild und in Relation zu AMO/PDO dargestellt, Temperaturdifferenz AMO/PDO zu Luft in ABERDEEN = **0,3 Grad C**; Temperaturzunahme Luft ABERDEEN von 1900-2013 = 0.9 Grad C

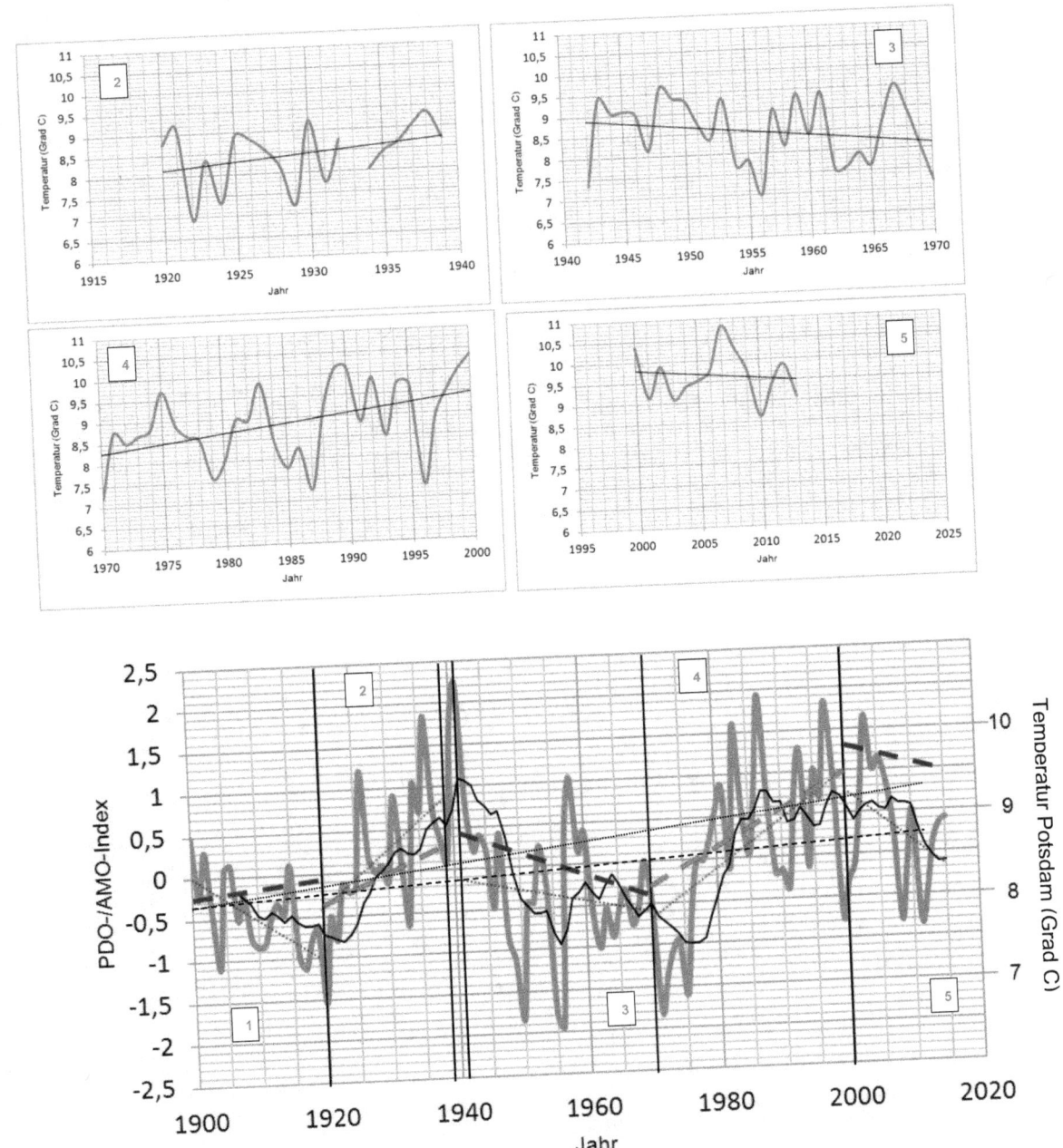

Abb. 21: PDO und AMO (kombiniert) und Temperaturtrendgeraden für POTSDAM (D) nach GISS (Trendgerade IST je Zeitraum = − − − ; theoretisch nach AMO/PDO = − − − Anstieg der Lufttemperaturen im Gesamtzeitraum = ·········· ; Anstieg des AMO/PDO-Index = − − −), siehe Abb. 3 . 1 bis 5 = Trendzeiträume, oben isoliert/ unten im Gesamtbild und in Relation zu AMO/PDO dargestellt, Temperaturdifferenz AMO/PDO zu Luft in POTSDAM = **0,6 Grad C**; Temperaturzunahme Luft POTSDAM von 1900-2013 = **1.3 Grad C**

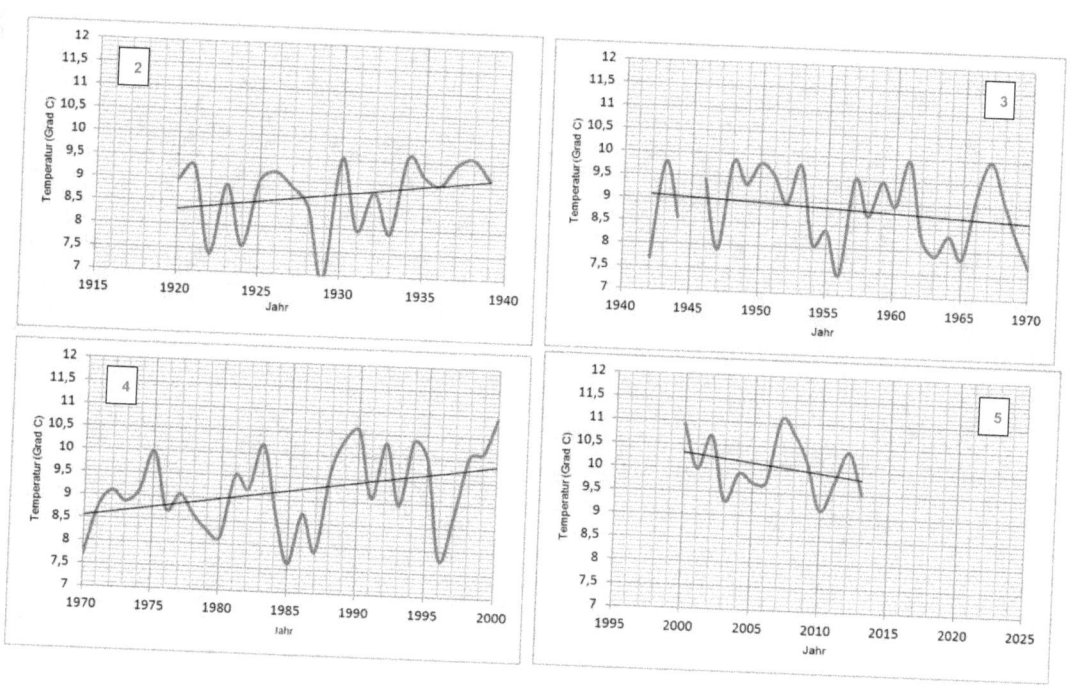
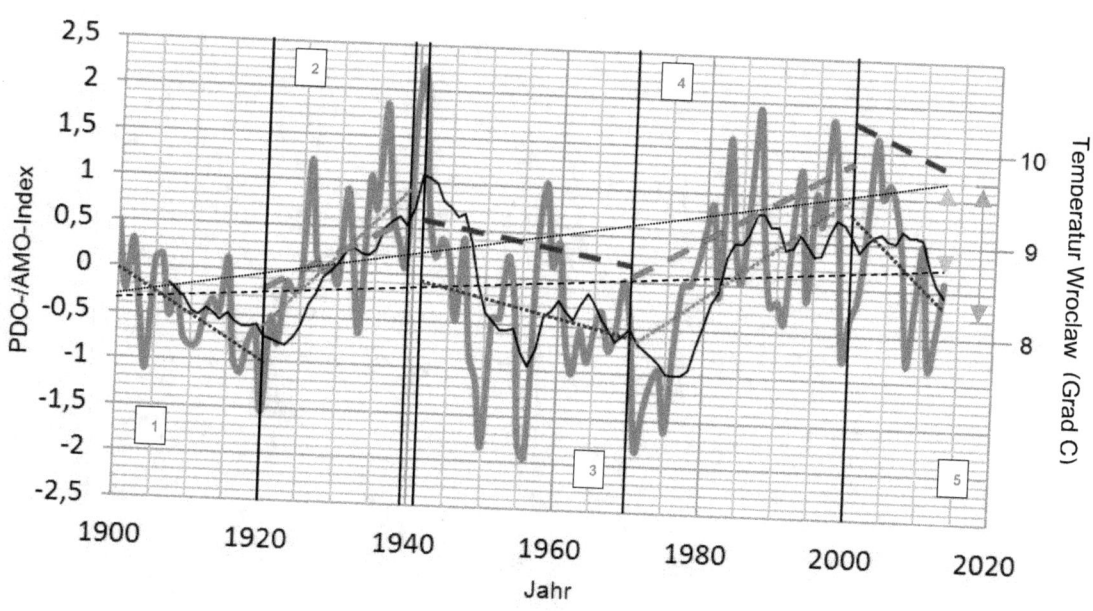

Abb. 22: PDO und AMO (kombiniert) und Temperaturtrendgeraden für WROCLAW (PL) nach GISS (Trendgerade IST je Zeitraum ═ ═ ═ ; theoretisch nach AMO/PDO = ⋯⋯⋯ ; Anstieg der Lufttemperaturen im Gesamtzeitraum = ——— ; Anstieg des AMO/PDO-Index = - - - -), siehe Abb. 3 . ⎡1⎤ bis ⎡5⎤ = Trendzeiträume, oben isoliert/ unten im Gesamtbild und in Relation zu AMO/PDO dargestellt,
◄──► = Temperaturdifferenz AMO/PDO zu Luft in WROCLAW = 0,9 Grad C;
◄──► = Temperaturzunahme Luft WROCLAW von 1900-2013 = 1.5 Grad C

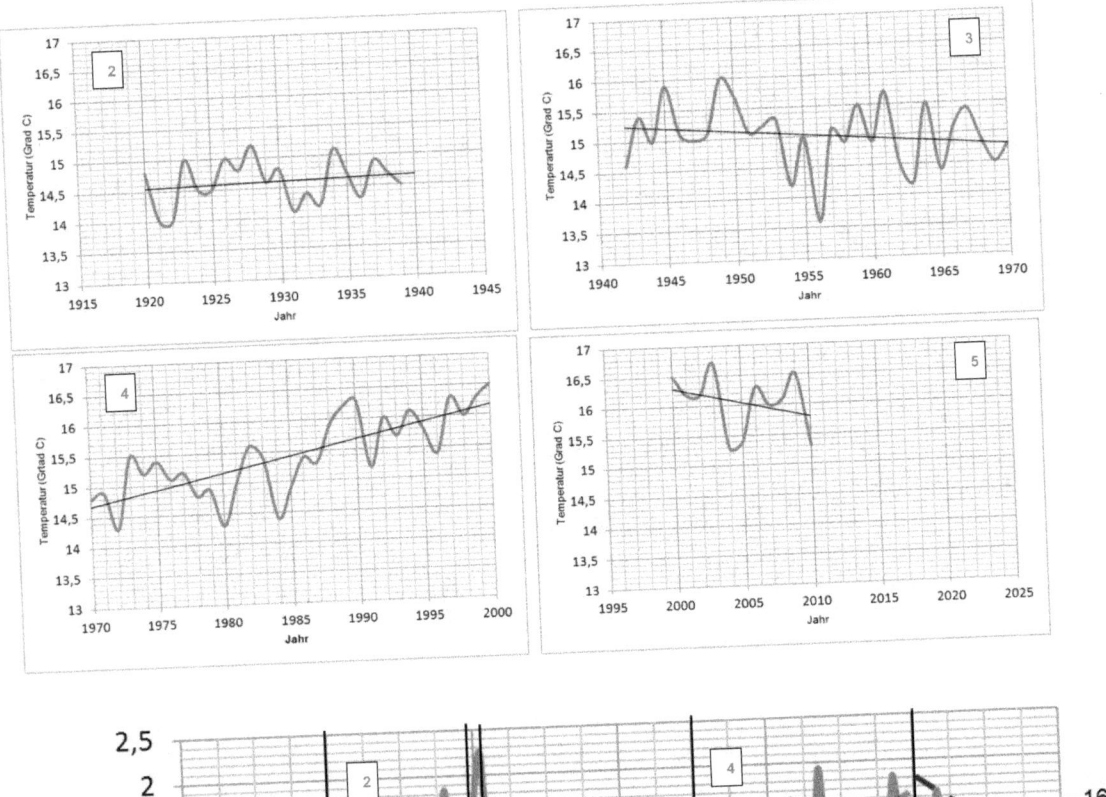
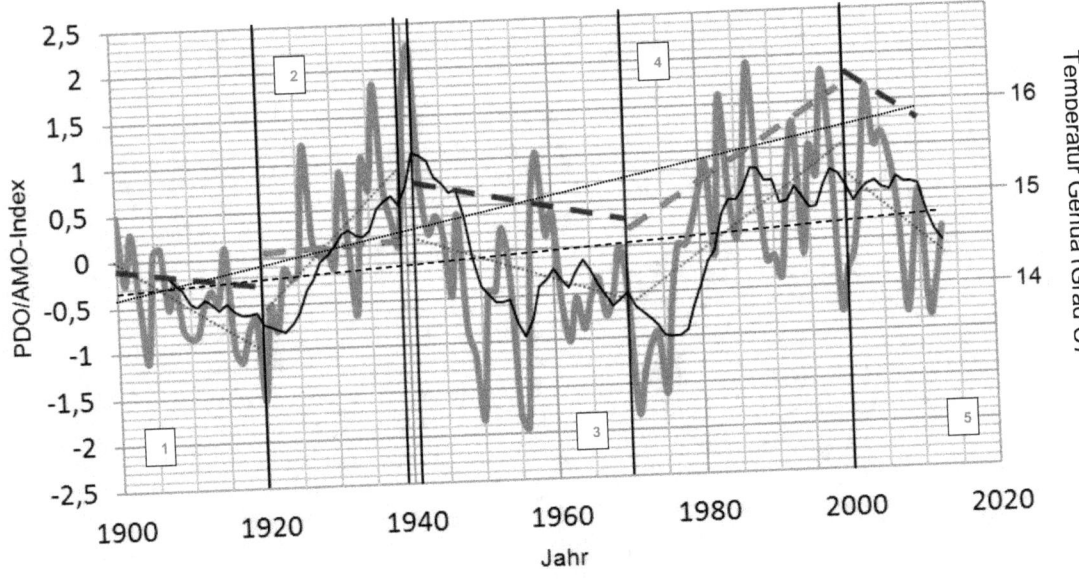

Abb. 23: PDO und AMO (kombiniert) und Temperaturtrendgeraden für GENUA (I) nach HISTALP (Trendgerade IST je Zeitraum = ≡ ≡ ; theoretisch nach AMO/PDO = ...; Anstieg der Lufttemperaturen im Gesamtzeitraum = ———— ; Anstieg des AMO/PDO-Index = ----), siehe Abb. 3 . [1] bis [5] = Trendzeiträume, oben isoliert/ unten im Gesamtbild und in Relation zu AMO/PDO dargestellt, Temperaturdifferenz AMO/PDO zu Luft in GENUA = **1,2 Grad C**; Temperaturzunahme Luft GENUA von 1900-2010 = 1.8 Grad C

Auffällig sind die zunehmenden Differenzen zwischen den „theoretisch" (aus der PDO/ der AMO) zu erwartenden Lufttemperaturtrends und den tatsächlichen Verlaufsgeraden der mitteleuropäischen Temperaturen: Während zwischen 1920 und 1940 der Unterschied im Mittel -0,7 °C beträgt, also die tatsächlichen Lufttemperaturen der Stationen tiefer als der theoretische Wert aus AMO/PDO liegen, weist er i.M. des Zeitraums 1970-2000 bei einigen Stationen noch ein leichtes Minus, bei vielen bereits einen Gleichstand bzw. ein leichtes Plus von +0,1 °C auf (die tatsächlichen Lufttemperaturen der Stationen liegen also über AMO/PDO). Zu Beginn des 21.Jahrhunderts vergrössert sich diese Differenz dann sogar auf fast +1,0 °C ... die Stations-Lufttemperaturen liegen nun deutlich über denen der theoretisch zu erwartenden AMO/PDO-Werte.

Was mit Blick auf die Abb. 20 bis 23 nochmals klar herausgestellt werden kann: Die Lufttemperaturen von 1900 bis 2013 haben an den meteorologischen Messstellen unterschiedlich zugenommen:

Ort	Zone	Anstieg Lufttemperatur	Diff. zum Anstieg AMO/PDO
Aberdeen (GB)	ozeanisch	0,9	+0,3
Nantes (F)	"	1,0	+0,4
Bergen (N)	"	1,2	+0,6
Kopenhagen (DK)	subozeanisch	1,3	+0,7
Potsdam (D)	"	1,3	+0,7
Zürich (CH)	"	1,4	+0,8
Wroclaw	kontinental	1,5	+0,9
Wien (AT)	"	1,9	+1,3
Lwiw (UKR)	"	1,0	
Genua (I)	mediterran	1,8	+1,2
Deutschland		1,0	+0,4

(Werte in Grad C)

Es ist daher davon auszugehen, dass der Einfluss der ´unterliegenden´ AMO/PDO entsprechend der jeweiligen Klimazone/der relativen und absoluten Lage sich geordnet verändert: Mit zunehmendem Abstand vom ozeanischen Regime hin zur Kontinentalität bleibt der Einfluss der „Warmwasserheizung" gleich (+0,6°C), der Einfluss der Kontinentalität (geringere Pufferung) auf die Lufttemperaturen allerdings nimmt zu (von +0,3 °C - 0,6 °C ozeanisch auf 0,9 °C - 1,3 °C kontinental) ... in jedem Fall verläuft die Trendgerade von ´lokaler Temperatur´ und ´AMO-/PDO´ jedoch weiterhin +/- gleichgerichtet/parallel. Oder mit anderen Worten der Analogie: Die sogenannte Vorlauftemperatur unserer „Warmwasserheizung" ist gegenüber dem Jahr 1900 um rd. 0,6 °C angestiegen und die mitteleuropäischen Lufttemperaturen sind ihr sozusagen gefolgt ... allerdings nicht im ´Gleichschritt´, sondern entsprechend der von West nach Ost/Südost abnehmenden Pufferung/der zunehmenden Kontinentalität ansteigend stärker. Dieser „Zuschlag" beträgt zwischen 0,3°C

(ABERDEEN, ozeanisch) und 0,9 °C (WROCLAW, kontinental) bzw. 1,3 °C (WIEN, kontinental). Deutschland gesamt und als viele Stationen zusammenfassender Grossraum liegt mit 0,4 °C nahezu wortwörtlich in der Mitte des Datenfeldes. Ausnahme ist LWIW (Ukraine), wo die Temperatur (entgegen der o.a. Erwartung) zwischen 1900 und 2013 „nur" um 1,0 °C angestiegen ist (*).

Die Frage bleibt: *Wie* können die Oszillationen der PDO/der AMO die Temperaturen weltweit überhaupt ´bewegen´? Eine Antwort kann die bereits vom Autor (2016) formulierte Analogie zur „Warmwasserheizung mit Umluft" liefern. Das Wetter, welches für Klima verantwortlich zeichnet, ist eine stark veränderliche Grösse und ´Wetter´ entsteht nicht zuletzt über den Ozeanen, für Europa vor allem im Pazifik und dem Atlantik. Gerade auch die sogenannten Wetterküchen des Atlantiks kennen wir gut, zum Beispiel jene bei den Azoren oder Island ... inmitten der AMO. Was die AMO (und die PDO) letztlich antreibt, ist, wie gesagt, eher spekulativ bzw. in ihrer Wirkung noch nicht ausreichend erforscht (siehe DIJKSTRA u.a. 2006 und BELLOMO, K. u.a. 2016).

WAS das Wasser in den Ozeanen, dem Speicher unserer hypothetischen „Warmwasserheizung" erwärmt (bei der Heizung unserer Wohnung wäre es Öl, Gas oder Elektrizität) bleibt offen. *DAS* es eine Energiequelle gibt, ist natürlich und logisch ... letztlich ist es auf der Erde die Sonne. Der Einfluss des CO_2 trägt zu einer zunehmenden Erwärmung bei.

Die Konsequenz aus diesen Überlegungen ist weitreichend: Bisher sind die tieferen Ursachen für Verlauf und Stärke von PDO und AMO noch immer nicht bekannt, respektive nicht wirklich verstanden. Folge ist, dass qualitative und quantitative (Temperatur-)Veränderungen der PDO und AMO *nicht prognostiziert* werden können. Sollte jedoch die Hypothese einer sogenannten ozeanischen „Warmwasserheizung" real sein ... dann sind numerische Modelle derzeit ***nicht*** in der Lage, Aussagen zur künftigen Temperaturentwicklung der Atmosphäre zu liefern. Da Modelle bisher auch in keinem Fall die *Vergangenheit* des Verlaufs und der Stärke von PDO und AMO berücksichtigen, können Modelle ebenso wenig die historischen/vergangenen Abläufe des Klimas korrekt wiedergeben/reproduzieren.

4 GMSL und der AMO-/PDO-Index

Temperaturänderungen in den Ozeanen schlagen sich nicht nur im OHC (ocean heat content) nieder, sie sind auch in der Veränderlichkeit der Wasserstände (GMSL, global mean sea level) sichtbar.

(*) Spekulativ bzw. bei einem vergleichenden Blick auf die Temperaturreihe der Station LWIW (UKR) könnte man vermuten, dass die gemessenen Werte im ersten Drittel der Messreihe, also zwischen 1900 und 1939, relativ zu hoch liegen. womit der Anstieg der Temperaturen eventuell geringer ausfällt als es real sein könnte. LWIW (Lemberg) war in dieser Zeit eine wechselnd zugeordnete Region: Bis 1918 österreichisch, von 1918 bis 1939 polnisch ... mit je sehr unterschiedlichen Verwaltungen und Organisationen. 1940 und 1941 fehlen mit dem Beginn des deutschen Überfalls auf Polen bzw. Russland sogar sämtliche Daten.

Das ist insofern logisch, als mit Temperaturveränderungen auch die Volumina eines (Wasser-)Körpers beeinflusst werden („steric effect", Dichte). PIECUCH&QUINN (2016) zeigen GMSL-Veränderungen, die eng mit den (Temperatur-)Veränderungen der El Nino-Southern-Oscillation (ENSO) verknüpft sind, wobei sie den Einfluss eines barystatischen (Massen-) Effektes allerdings noch nicht ganz ausschliessen, Eine andere Veröffentlichung zu diesem Themenkreis stammt von MEEHL u.a. (2013), die Verbindungen zwischen dem OHC und der Varianz der Lufttemperaturen sehen. JUDITH CURRY gibt darüber hinaus in ihrem Blog (https://judithcurry.com/2014/01/21/ocean-heat-content-uncertainties) den Verlauf der übergreifenden Mittel der GSML-Trends an (Quellen siehe Abb. 24) ... in die der Verfasser parallel die Trends der von ihm kombinierten AMO/PDO eingetragen hat. Es wird klar, dass die globalen Wasserstandsveränderungen stark positiv mit den Trends der AMO/PDO korrelieren.

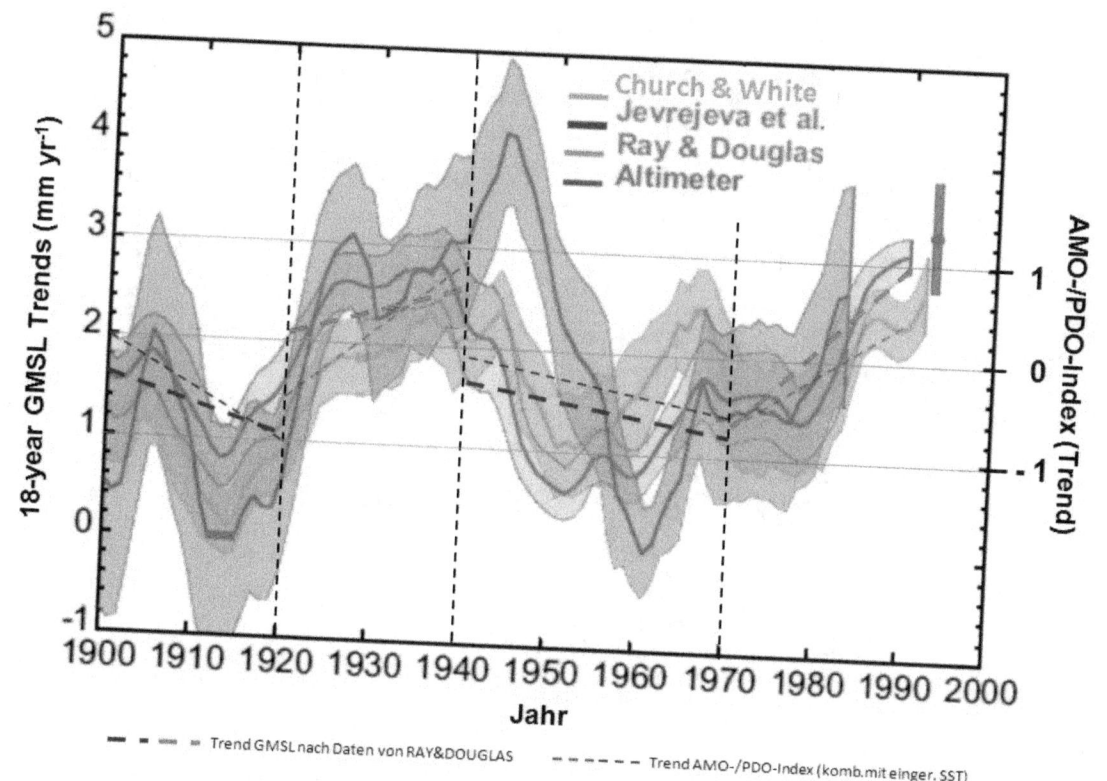

Abb. 24 : 18-Jahre-Trend des GMSL-Veränderungen in 1-Jahresintervalens, Zeitraumtrends = = = = (aus https://judithcurry.com/2014/01/21/ocean-heat-content-uncertainties). Eingetragen sind zusätzlich die Trendgeraden der kombinierten AMO-PDO-Indices (mit eingerechneten SST) je Zeitraum (........... siehe Abb. 3)

BALMASEDA u.a. (2013) zeigen ebenfalls, dass Veränderungen in ozeanischen Zyklen (hier ENSO) deutliche Spuren im Wärmehaushalt der Ozeane hinterlassen.

Spannend ist, dass sogar die Wasserspiegelveränderungen im Bereich der Nordsee mit den Temperaturveränderungen korrespondieren. Abb. 25 zeigt nach Daten von ALBRECHT (2011), dass (wie bei den europäischen Lufttemperaturen oder dem GMSL) in Zeiträumen einer positiven AMO/PDO auch die RMSL der Nordsee ansteigen, während sie in Zeiten einer negativen AMO/PDO tendenziell absinken. Dass hier der Atlantik eine grosse Rolle spielt, darf als gesetzt angenommen werden.

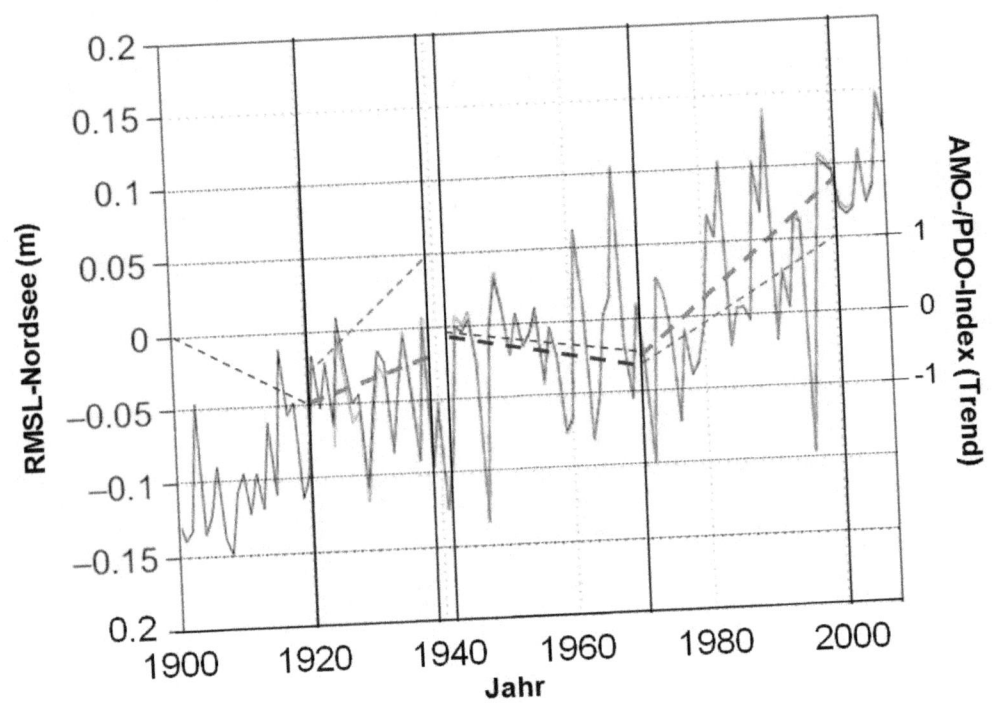

Abb. 25 : ——— = RMSL in der **Deutschen Bucht** (aus ALBRECHT, F. (2011)
         = = = Trendgeraden der RMSL je Zeitraum
         ---- = Trend AMO/PDO-Index (komb. mit eingerechneter SST)

Und diese Annahme wird durch Abbildung 26 auch bestätigt: Selbst an einem einzelnen herausgegriffenen atlantischen Küstenstandort (hier BERGEN, N) kann für den Zeitraum von 1940 bis 2013 der nahezu parallel verlaufende Trend je Zeitraum des kombinierten AMO-PDO-Index und den lokalen Wasserständen gezeigt werden.

Es sei an dieser Stelle nochmals auf die Lufttemperaturen der gleichen Station hingewiesen (siehe Abb. 27): Die kombinierten AMO-/PDO-Trends verlaufen je Zeitraum positiv korreliert bzw. parallel zu den *Lufttemperaturen* der Station BERGEN (N).

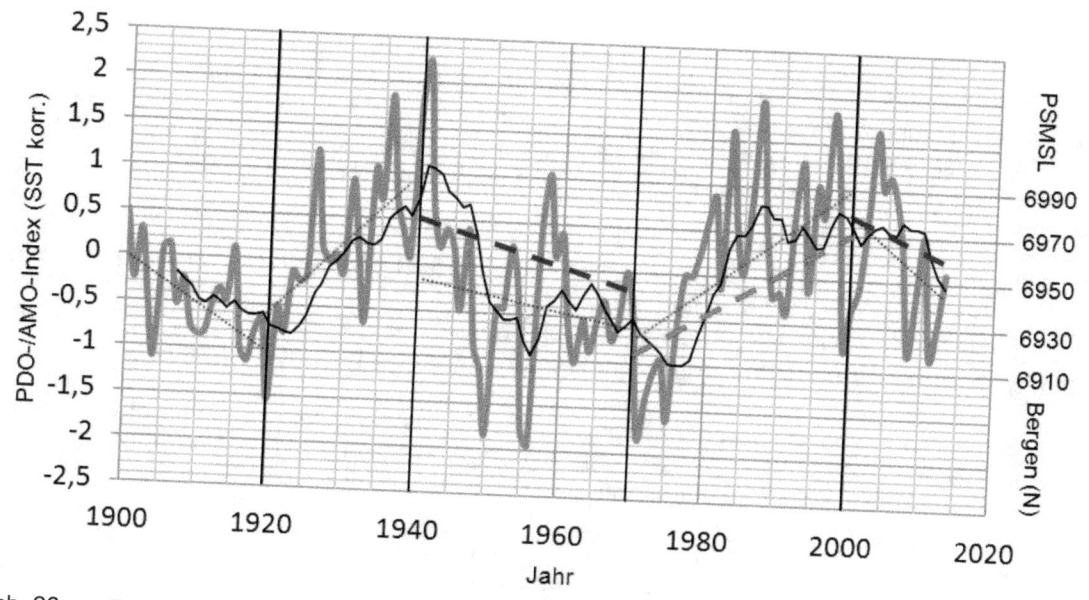

Abb. 26: ── = AMO-/PDO-Index (komb. mit eingerechneter SST)
── ── = Trendgeraden Pegelwasserstände **BERGEN (N)** je Zeitraum
‑ ‑ ‑ = Trend AMO/PDO-Index (komb. mit eingerechneter SST)

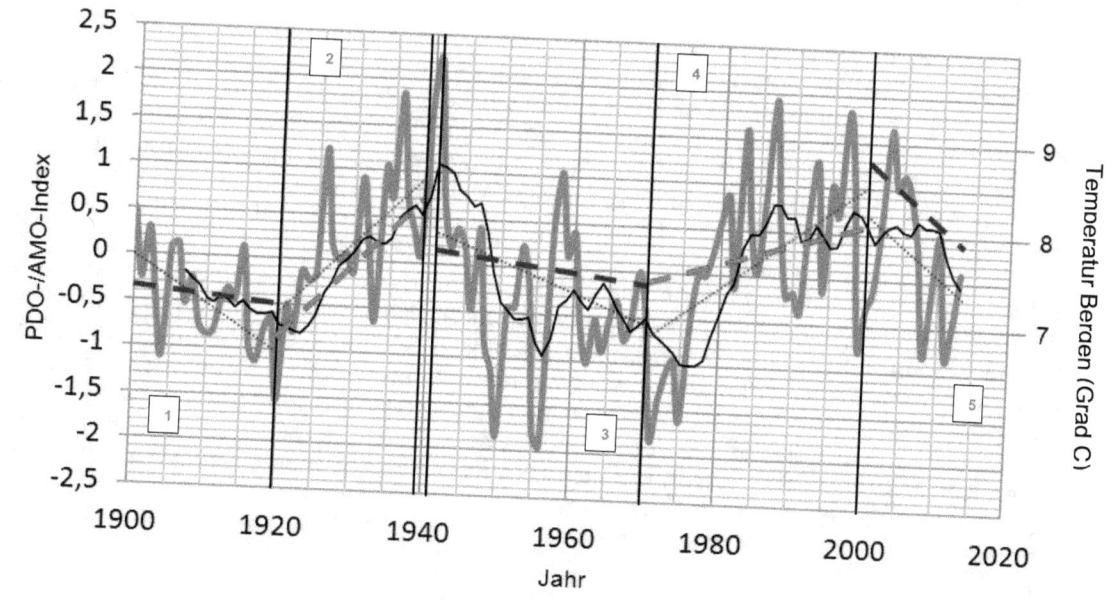

Abb. 27: PDO und AMO (kombiniert) und Temperaturtrendgeraden für BERGEN (N) nach GISS (Trendgerade IST je Zeitraum = ── ── ; theoretisch nach AMO/PDO = ‑ ‑ ‑ Anstieg der Lufttemperaturen im Gesamtzeitraum = ·········· ; Anstieg des AMO/PDO-Index = ‑ ‑ ‑), siehe Abb. 3 . ⬚1 bis ⬚5 = Trendzeiträume, oben isoliert/ unten im Gesamtbild und in Relation zu AMO/PDO dargestellt

5 Zusammenfassung

Der vorliegende Artikel greift die Ergebnisse des Bandes 1 dieser Schriftenreihe auf. Es werden die Temperaturveränderungen europäischer Wetterstationen für den Zeitraum 1900 bis 2013 ausgewertet und die Ergebnisse in Bezug zu den ozeanischen Zyklen aus AMO und PDO sowie den Entwicklungen des OHC als auch den Trends der Wassertemperaturen SST gesetzt.

Es zeigt sich, dass die ozeanischen Zyklen (wie PDO und AMO) mit einer potentiellen thermischen Speicher- oder Wärmefreisetzungsfunktion aus den Wasserkörpern des pazifischen und atlantischen Ozeans bzw. deren ausgedehnten Wasseroberflächen möglicherweise eine Beeinflussung der Lufttemperaturen bis hin nach Europa auslösen.

D.h., in Europa sind zeitraumabhängig an- und absteigende Lufttemperaturen sowie Schwankungen der regionalen Wasserstände *je nach wärmerem* oder *kälterem Zustand* der ozeanischen "Speicherorte" zu beobachten.

Sind die "schwingenden" Erwärmungsgrade in den ozeanischen Oszillationen sowohl des Pazifiks (PDO) als auch des Atlantiks (AMO) bzw. ihr Zusammenspiel eine denkbare Ursache für die ebenfalls ´periodischen´ Temperaturtrends in Europa ... ob beispielhaft in Frankreich (Nantes), Belgien (Brüssel), Dänemark (Kopenhagen), Deutschland (Potsdam), Polen (Wroclaw), Österreich (Wien), Nordsee / Atlantik (Aberdeen, GB / Bergen, N), Schweiz (Zürich) oder Italien (Genua)?

Die Tatsache, dass es grundlegende Korrelationen der ENSO (El Niño-Southern Oscillation) zu den weltweit beobachteten Lufttemperaturen gibt, ist nicht neu. Ob es sich jedoch nur um eine einfache "Beziehung" handelt oder ob es tatsächlich eine Erwärmung (positive AMO/PDO) bzw. periodische Kühlung (negative AMO/PDO), resultierend aus dem heat flux der energetischen Wasserkörper der Ozeane und transportiert über die atmospährische Zirkulation gibt (also eine weiträumige Wärmeübertragung in Form einer "Warmwasserheizung mit Umluft"), muss diskutiert werden.

Sicher ist, dass die Veränderungen der PDO und der AMO mit dem langfristigen „auf und ab" der Lufttemperatur-Mittelwerte in Europa korrelieren. CO_2, das als Primärfaktor für die Entwicklung hin zu immer höheren Temperaturen anzusehen ist, kann als ursächlicher Treiber des weltweiten Temperaturanstiegs angenommen werden. Darüber hinaus könnten jedoch die ozeanischen Zyklen, die mit den „Grundschwingungen" der Lufttemperaturveränderlichkeit in Mitteleuropa deutlich positiv korrelieren, die hiesigen Temperaturtrends prägen. Der Beitrag der „Warmluftheizung" zum rd. 1 Grad-Temperaturanstieg (1900-2013) in Europa beläuft sich auf rd. 0,6 ^{0}C, während rd. 0,4 ^{0}C aus anderen Quellen resultieren. Dass *sowohl* bei den 0,6 ^{0}C als auch den 0,4 ^{0}C je das CO_2 (und anderes?) einen Beitrag geleistet hat, ist wahrscheinlich.

Auch der GMSL bzw. RMSL der Deutschen Bucht/Nordsee scheinen von den Trends der AMO/PDO beeinflusst zu werden: Mit ansteigendem AMO-/PDO-Index klettern auch die

RMSL tendenziell aufwärts, ebenso wie die Wasserstände *dann* relativ absinken, wenn der AMO-/PDO-Index abfällt.

6 Literatur

Albrecht, F. u.a. (2011): Determining sea level change in the German Bight. In: Ocean Dynamics 61(12):2037–2050

Balmaseda, M.a., Trenberth, K.E. und Källen, E. (2013): Distinctive climate signals in reanalysis of global ocean heat content. In: Geophysical Research letters, Vol. 40, 2013

Barcikowska, M.J. u.a. (2016): Observed and simulated fingerprints of multidecadal climate variability, and their contributions to periods of global SST stagnation. In: AMS, 2016

Baudraz, G. u.a. (2003): Homogenisierung von Klimamessreihen der Schweiz und Bestimmung der Normwerte 1961-1990. Schlussbericht des Projekts NORM90, MeteoSchweiz 2003

Bellomo, K. u.a. (2016): New observational evidence for a positive cloud feedback that amplifies the Atlantic Multidecadal Oscillation. In: Geophysical Research Letters, Vol. 43, 2016

Bindoff, N.L. u.a. (2007): Observations: Oceanic Climate Change and Sea Level. In: Climate Change 2007: The Physical Science Basis. Contribution of Working Group I to the Fourth Assessment Report of the Intergovernmental Panel on Climate Change, IPCC 2007

Bosse, F. & Vahrenholt, F. (2016): Die Sonne im Oktober 2016 und die Ozeane im „Klima"-Modell und der Realität. In: http://www.diekaltesonne.de/die-sonne-im-oktober-2016-und-die-ozeane-im-klima-modell-und-der-realitat/

Bubenzer, O. und Radtke, U. (2007): Natürliche Klimaänderungen im Laufe der Erdgeschichte. In: Der Klimawandel – Einblicke, Rückblicke und Ausblicke (Klimawandel). Humboldt-Universität, Berlin 2007

Cheng, W. u.a. (2013): Atlantic meridional overturning circulation (AMOC) in CMIP5 models: RCP and historical simulations.In: *J. Climate*, 26, 7187–7197.

Chikamoto, Y. u.a. (2016): Potential tropical Atlantic impacts on Pacific decadal climate trends. In: Geophysical Research Letters, 43, 2016

Compo, G.P. und Sardeshmukh, P.D. (2009): Oceanic influences on recent continental warming. Climate Dynamics, 32, 333-342

D´Aleo und Easterbrook, D. (2011): Relationship of Multidecadal Global Temperatures to Multidecadal Oceanic Oscillations. In: Evidence Based Climate Change Series, 2011, p.161-184

Dahm, K.-P. , Laves, D. und Merbach, W. (2015): Der heutige Klimawandel. Eine kritische Analyse des Modells von der menschlich verursachten globalen Erwärmung. Mitteilungen Agrarwissenschaften Bd. 27. Verlag Dr.Köster, Berlin 2015

Dammschneider, H.-J. (2016): Wenn aus Wetterdaten „Klima" wird …der Einfluss ozeanischer Zyklen aus PDO und AMO auf die Temperaturtrends der Schweiz. Schriftenreihe des Inst.f.Hydrographie, Geoökologie und Klimawissenschaften, Band 1 , Zug 2016

Dijkstra, H.A., te Raa, L., Schmeits, M. et al. (2006): On the physics of the Atlantic Multi-decadal Oscillation. In: Ocean Dynamics 56, 2006

Flohn, H. (1979): Kohlendioxid, Spurengase und Glashauseffekt: ihre Rolle für die Zukunft unseres Klimas. In: Rheinisch-Westfälische Akademie der Wissenschaften, Vortrag 304, 1979

Füllemann, C., Begert, M., Croci-Maspoli, M., S. Brönnimann: 2011, Digitalisieren und Homogenisieren von historischen Klimadaten des Swiss NBCN – Resultate aus DigiHom, Arbeitsberichte der MeteoSchweiz, 236, 48 pp

Galbraith, E.D. u.a. (2007: Carbon dioxide release from the North Pacific abyss during the last deglaciation. In: Nature, 449, 2007

Gouretzki, V. u.a. (2012): Consistent near-surface ocean warming since 1900 in two largely independent observing networks. In: Geophysikal Research Letters 39, 2012

Hager, K. (2013): Vor- und Nachteile durch die Automatisierung der Wetterbeobachtungen und deren Einfluss auf vieljährige Klimareihen. In: Beilage zur Berliner Wetterkarte, herausgegeben vom Verein BERLINER WETTERKARTE e.V.zur Förderung der meteorologischen Wissenschaft , c/o Institut für Meteorologie der Freien Universität Berlin

Han, Z. u.a. (2016): Simulation by CMIP5 models of the atlantic multidecadal oscillation and its climate impacts. In: Advances in Atmospheric Sciences, v. 33, no. 12, p. 1329-1342.

IPCC (2014): Fifth Assessment Report, AR5, Genf 2014

Ishii, M. u.a. (2006): Steric Sea Level Changes Estimated from Historical Ocean Subsurface Temperature and Salinity Analyses. In: Journal of Oceanography, Vol. 62, 2006

Jacobeit, J. (2007): Zusammenhänge und Wechselwirkungen im Klimasystem. In: Der Klimawandel – Einblicke, Rückblicke und Ausblicke. Humboldt-Universität, Berlin 2007

Klöver, M., Latif, M. u.a. (2014): Atlantic meridional overturning circulation and the prediction of North Atlantic sea surface temperature. In: Earth and Planetary Science Letters, 406, 2014

Knudsen T.R. u.a. (2016): Prospects for a prolonged slowdown in global warming in the early 21st century. In: Nature Communication 7, 2016

Kurtz, B.E. (2015): The Effect of Natural Multidecadal Ocean Temperature Oscillations on Contiguous U.S. Regional Temperatures. In: PLOS One, http://journals.plos.org/plosone/article?id=10.1371/journal.pone.0131349

Latif, M. u.a. (2006): Is the Thermohaline Circulation Changing? In: Journal of Climate, 19, 2006

Levitus, S. u.a. (2005): Warming of the world ocean, 1955–2003. In: Geophysical Research Letters, Vol. 29, 2005

Levitus, S. u.a. (2012): World Ocean heat content and thermosteric sea level change (0-2000m), 1955-2010. Geophys.Res.Letters 39, 2012

Limburg, M. (2010): Analyse zur Bewertung und Fehlerabschätzung der globalen Daten für Temperatur und Meeresspiegel und deren Bestimmungsprobleme. Unveröffentlicht

Lyman, J.M. & Johnson, G.C. (2014): Oceanography: Where's the heat? In: Nature Climate Change 4, 956–957, 2014

Lyman, J.M. und Johnson, G.C. (2013): Estimating Global Ocean Heat Content Changes in the Upper 1800m since 1950 and the Influence of Climatology Choice. In: Joint Institute for Marine and Atmospheric Research, University of Hawai' and NOAA/Pacific Marine Environmental Laboratory, Seattle, Washington, 2012)

Mauritzen, C. u.a. (2012): Importance of density-compensated temperature change for deep North Atlantic Ocean heat uptake. In: Nature Geoscience, 10, 2012

McCarthy, G.D. u.a. (2015): Ocean impact on decadal Atlantic climate variability revealed by sea-level observations. In: Nature 521, 508–510, May 2015

Meehl, G.A. u.a. (2013): Externally Forced and Internally Generated Decadal Climate Variability Associated with the Interdecadal Pacific Oscillation. In: Journal of climate, Vol. 26, 2013

Meehl, G.A. u.a. (2016): Contribution of the Interdecadal Pacific Oscillation to twentieth-century global surface temperature trends. In: Nature Climate Change 6, 2016

Nathan J. Mantua u.a. (1997): A Pacific interdecadal climate oscillation with impacts on salmon production. In: *Bulletin of the American Meteorological Society*. Volume 78, Nr. 6, 1997

Nathan J. Mantua, Steven R. Hare (2002): The Pacific Decadal Oscillation. In: Journal of Oceanography. Volume 58, Nr. 1, 2002, S. 35–44

Petit, J.R. u.a. (1999): Climate and atmospheric history of the past 420.000 years from the Vostok Ice core, Antarctica. In: Nature, 399, 1999

Piecuch, C.G. und Quinn, K.J. (2016): El Nino, La Nina and the global sea level budget. In: Ocean Science, 12, 2016

Quadfasel, D..(2005): The Atlantic heat conveyor slows. In: *Nature* 438, 2005

Ray, R.D. & Douglas, B.C. (2011): Experiments in reconstructing twentieth-century sea levels. In: Progress in Oceanography, Vol. 91, 2011

Roemmich, D. (2012): New Comparison of Ocean Temperatures Reveals Rise over the Last Century. In: Scripps Institution of Oceanography, San Diego 2012

Svensmark, H.& Friis-Christensen, E. (1997): Variation of cosmic ray flux and global cloud coverage—a missing link in solar-climate relationships. In: Journal of Atmospheric and Solar-Terrestrial Physics, Volume 59, Issue 11, July 1997, Pages 1225-1232

Vahrenholt, F. und Lünig, S. (2012): Die kalte Sonne. Hoffmann und Campe, Hamburg 2012

Willis, J.K. u.a. (2004): Interannual variability in upper ocean heat content, temperature, and thermosteric expansion on global scales. In: Journal of Geophys.Research, Vol. 109, 2004

Wunsch, C. und Heimbach, P. (2014): Bidecadal Thermal Changes in the Abyssal Ocean. In: Journal of Physical Oceanography, 44, 8, 2014

www.climate4you.com (Daten zu Temperaturen, OHC, Oszillationen etc. aus NOAA u.a.)

www.icecap.us/images/uploads/US_Temperatures_and_Climate_Factors_since_1895.pdf

Zhang, R. and Delworth, T. (2006): Impact of Atlantic multidecadal oscillations on India/Sahel rainfall and Atlantic hurricanes. In: Geophysical research letters, Vol. 33, 2006

Anhang

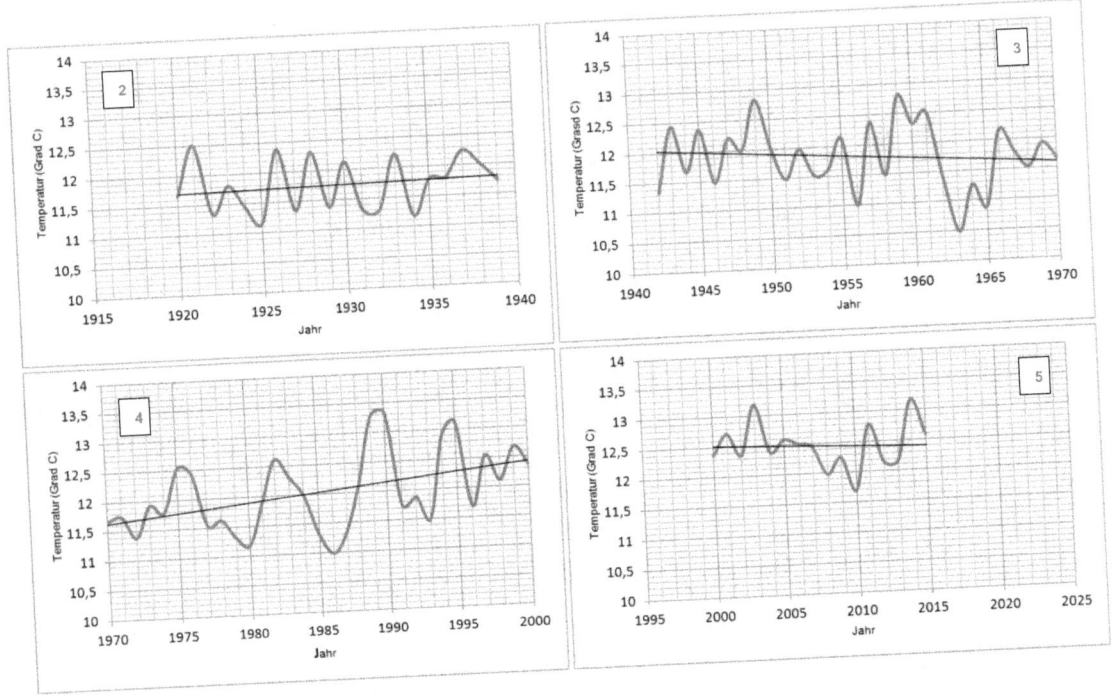
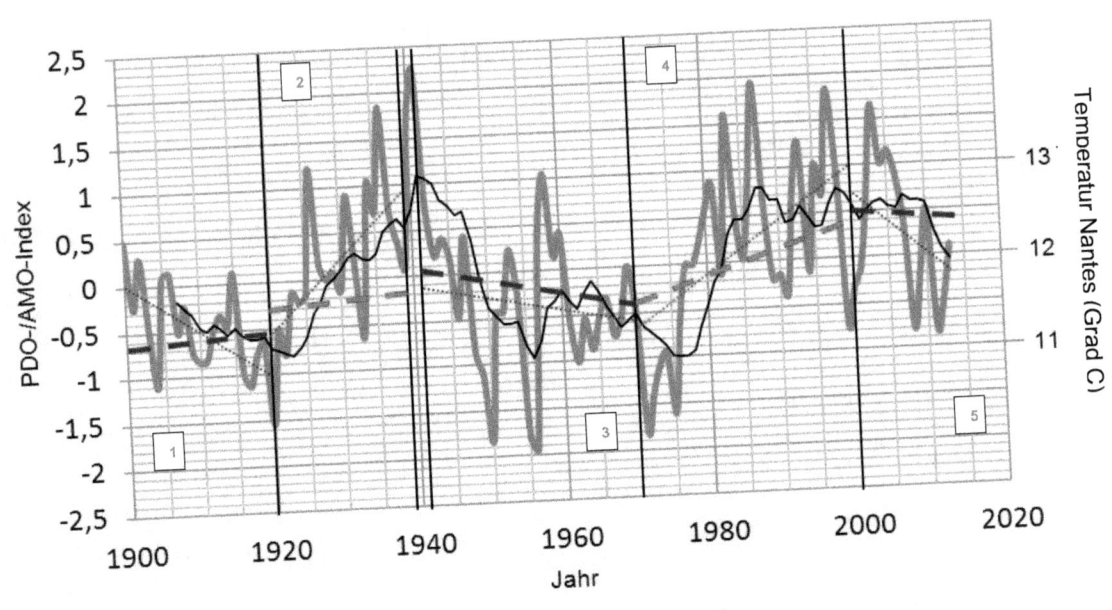

Abb. 28: PDO und AMO (kombiniert) und Temperaturtrendgeraden für NANTES (F) nach GISS (Trendgerad IST je Zeitraum = = = ; theoretisch nach AMO/PDO = = = =), siehe Abb. 3 . 1 bis 5 = Trendzeiträume, oben isoliert/ unten im Gesamtbild und in Relation zu AMO/PDO dargestellt,
Temperaturdifferenz AMO/PDO zu Luft in NANTES = **0,4 Grad C**;
Temperaturzunahme Luft NANTES von 1900-2013 = 1,0 Grad C

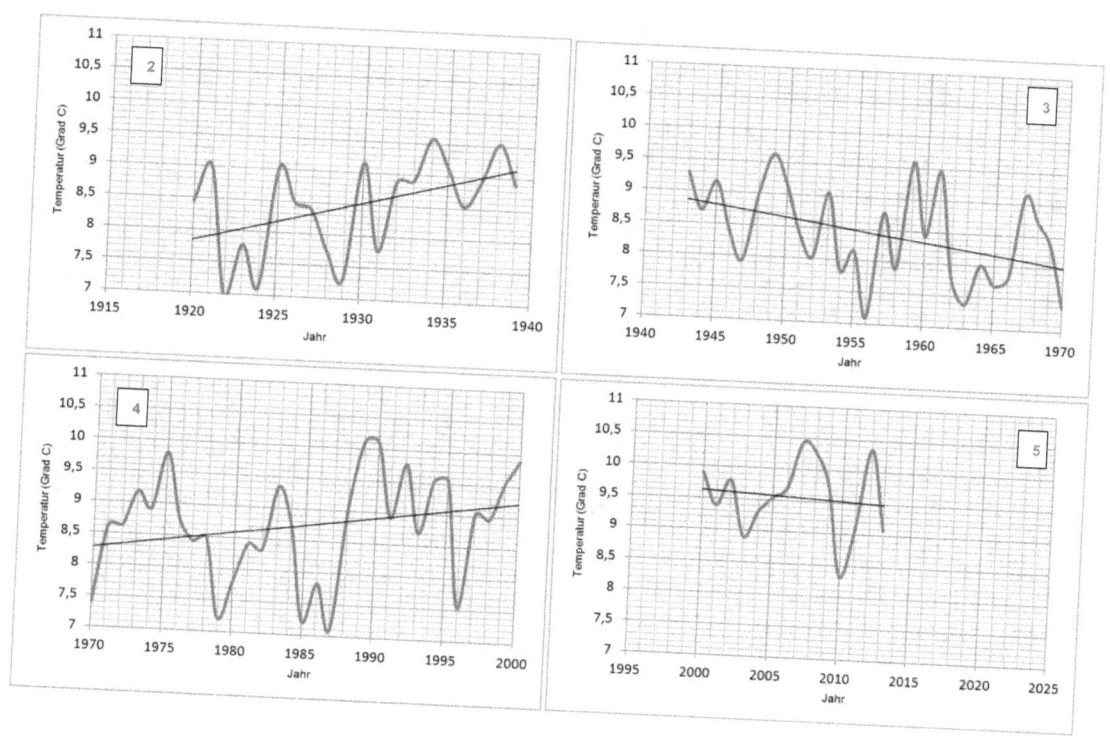
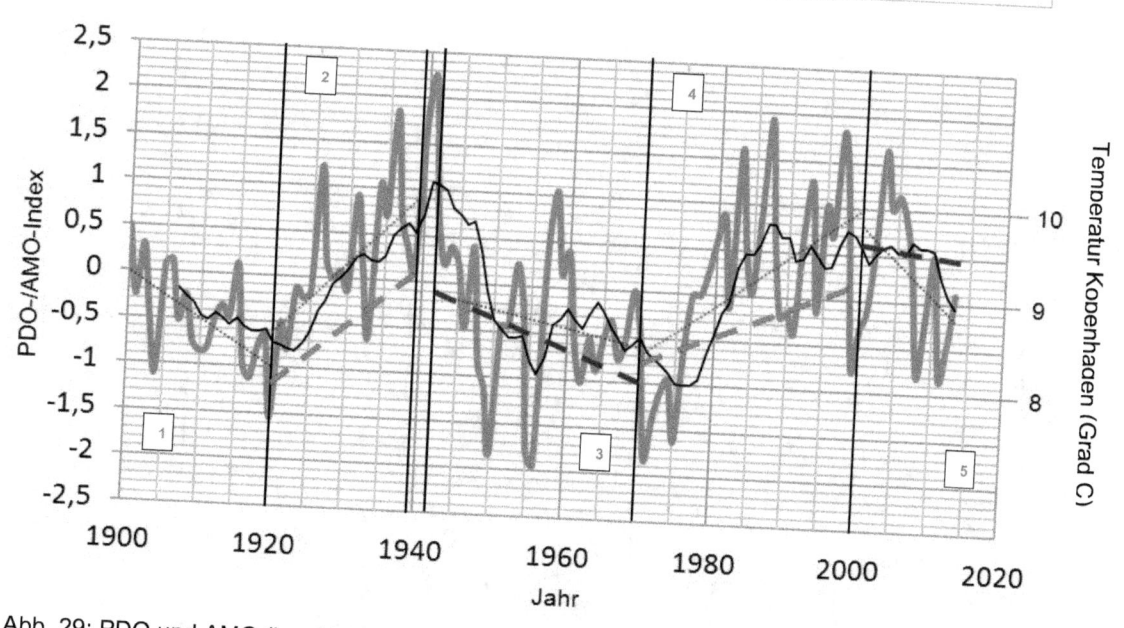

Abb. 29: PDO und AMO (kombiniert) und Temperaturtrendgeraden für KOPENHAGEN(DK) nach GISS (Trendgerad IST je Zeitraum = ═ ═ ; theoretisch nach AMO/PDO = ═ ═ ═), siehe Abb. 3 . [1] bis [5] = Trendzeiträume, oben isoliert/unten im Gesamtbild und in Relation zu AMO/PDO dargestellt,
Temperaturdifferenz AMO/PDO zu Luft in KOPENHAGEN = **0,7 Grad C**;
Temperaturzunahme Luft KOPENHAGEN von 1900-2013 = 1,3 Grad C

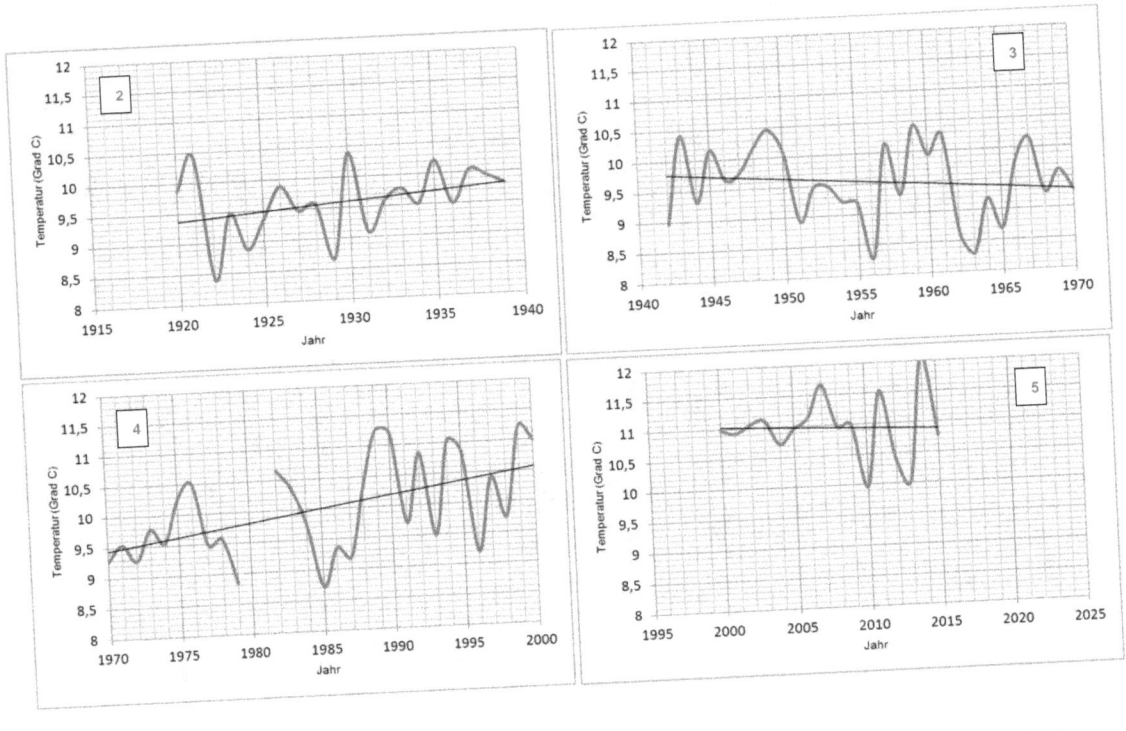
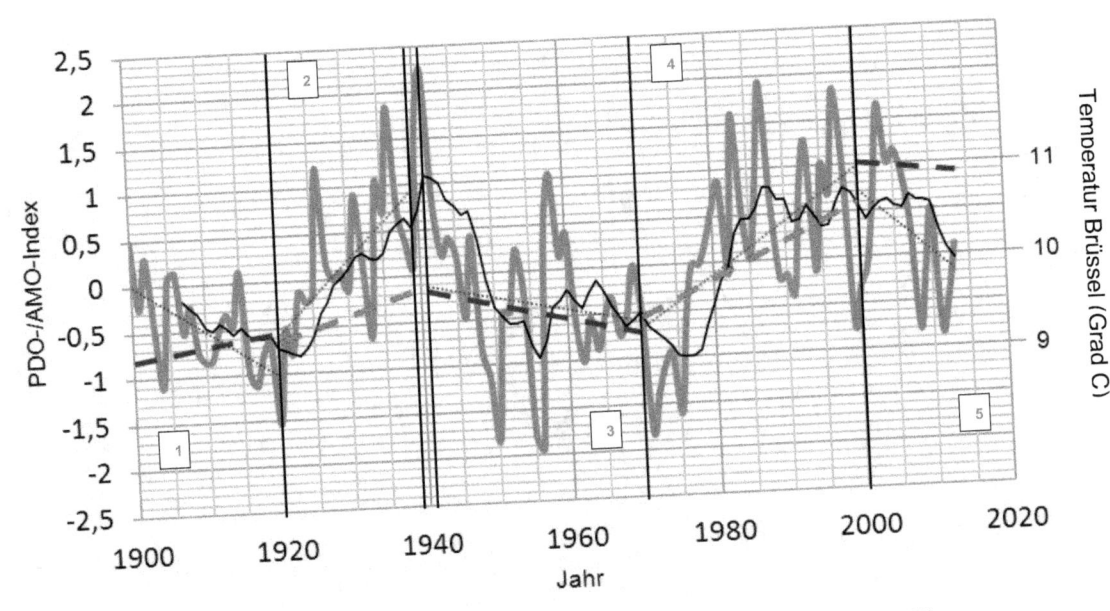

Abb. 30: PDO und AMO (kombiniert) und Temperaturtrendgeraden für BRÜSSEL (B) nach GISS (Trendgerad IST je Zeitraum = = =; theoretisch nach AMO/PDO = - - -), siehe Abb. 3 . [1] bis [5] = Trendzeiträume, oben isoliert/unten im Gesamtbild und in Relation zu AMO/PDO dargestellt,
Temperaturdifferenz AMO/PDO zu Luft in BRÜSSEL = **1,0 Grad C**;
Temperaturzunahme Luft BRÜSSEL von 1900-2013 = 1,6 Grad C

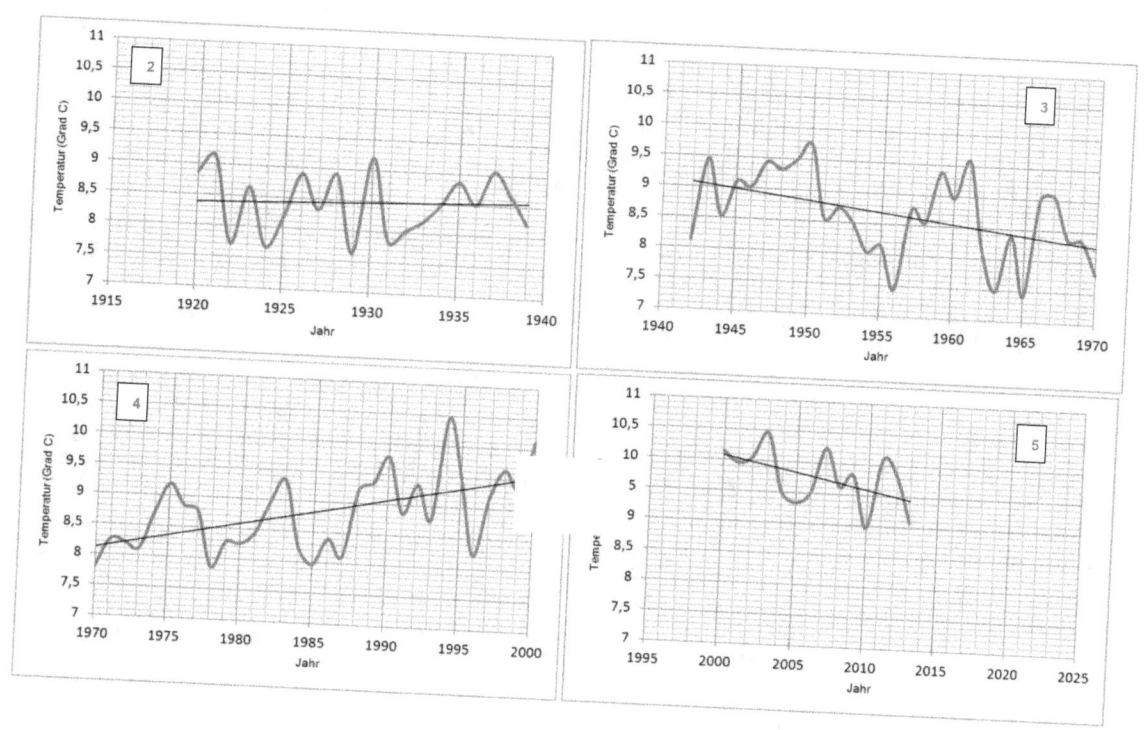
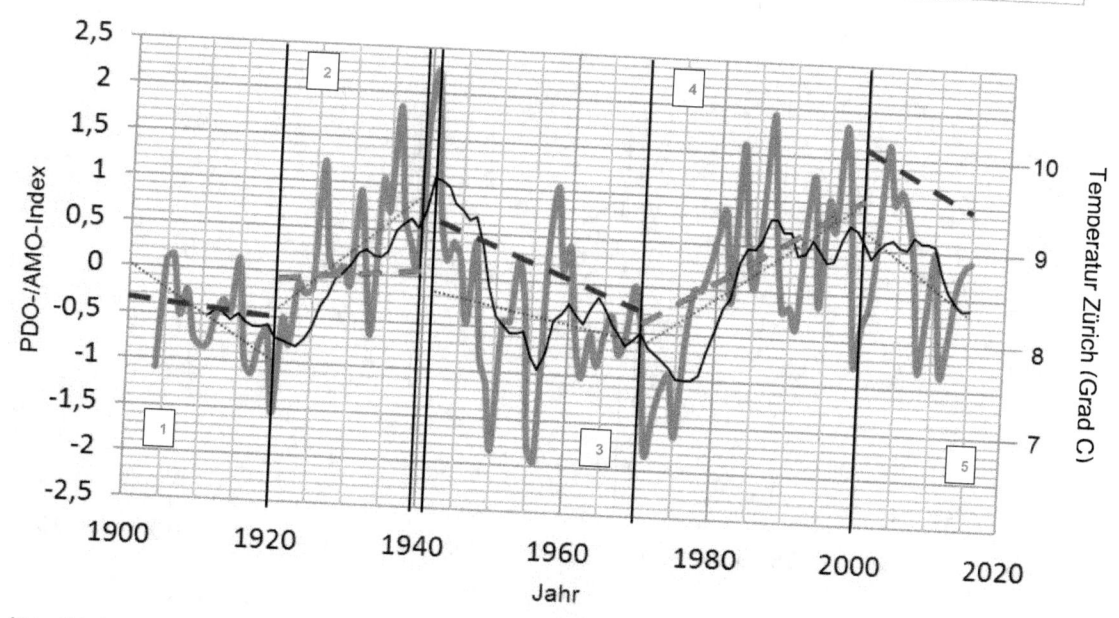

Abb. 31: PDO und AMO (kombiniert) und Temperaturtrendgeraden für ZÜRICH (CH) nach GISS (Trendgerad IST je Zeitraum = ▬ ▬; theoretisch nach AMO/PDO = ╌ ╌), siehe Abb. 3 . [1] bis [5] = Trendzeiträume, oben isoliert/unten im Gesamtbild und in Relation zu AMO/PDO dargestellt,
Temperaturdifferenz AMO/PDO zu Luft in ZÜRICH = **0,8 Grad C**;
Temperaturzunahme Luft ZÜRICH von 1900-2013 = **1,4 Grad C**

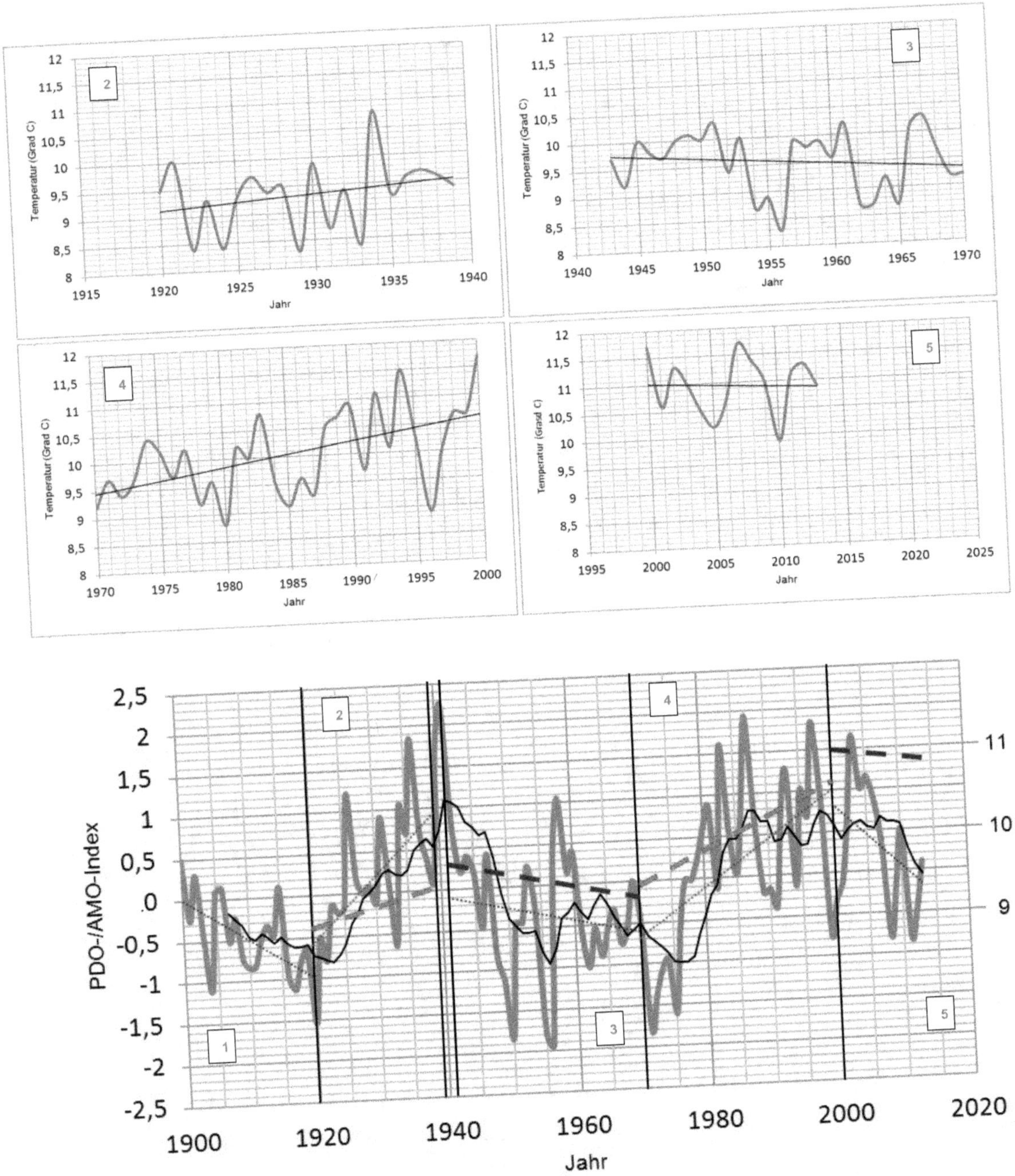

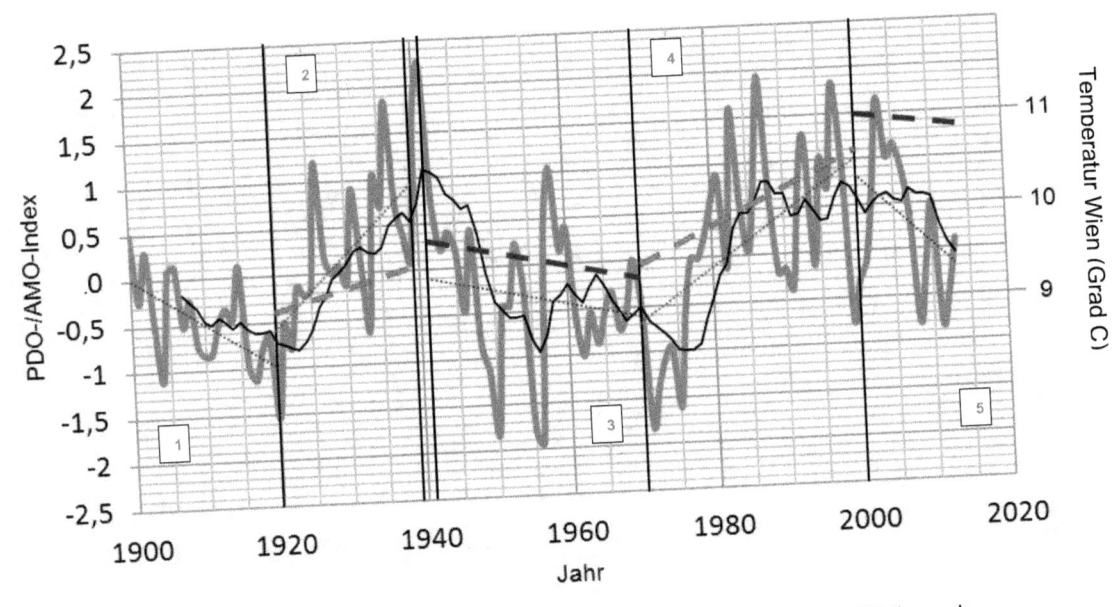

Abb. 32: PDO und AMO (kombiniert) und Temperaturtrendgeraden für WIEN (CH) nach HISTALP (Trendgerad IST je Zeitraum ═══ ; theoretisch nach AMO/PDO = ─ ─ ─), siehe Abb. 3 . [1] bis [5] = Trendzeiträume, oben isoliert/unten im Gesamtbild und in Relation zu AMO/PDO dargestellt,
Temperaturdifferenz AMO/PDO zu Luft in WIEN = **1,3 Grad C**;
Temperaturzunahme Luft WIEN von 1900-2013 = 1,9 Grad C

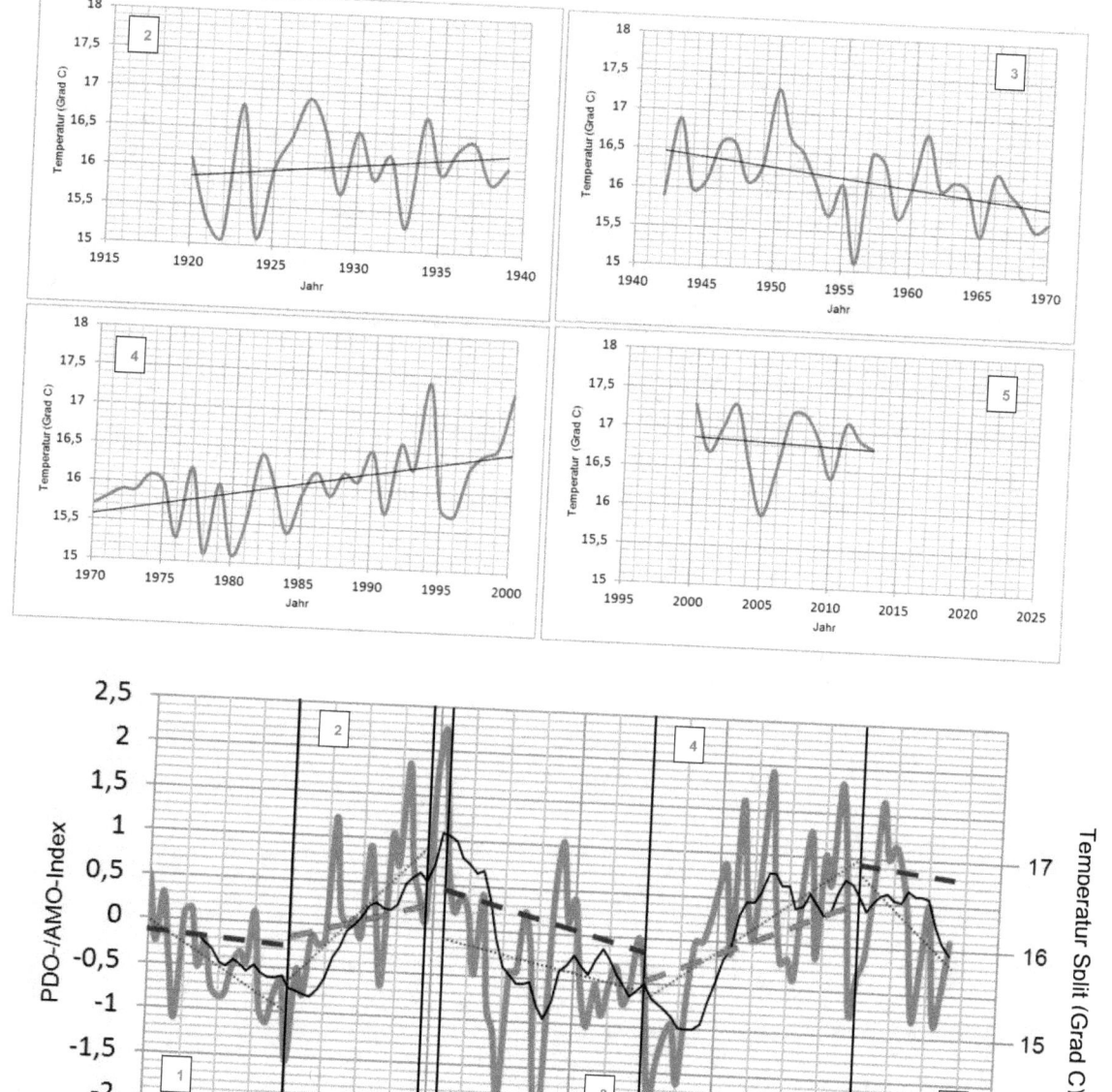

Abb. 33: PDO und AMO (kombiniert) und Temperaturtrendgeraden für SPLI T (HR) nach HISTALP (Trendgerad IST je Zeitraum = ≡ ≡; theoretisch nach AMO/PDO = ‐ ‐ ‐), siehe Abb. 3 . 1 bis 5 = Trendzeiträume, oben isoliert/unten im Gesamtbild und in Relation zu AMO/PDO dargestellt,
Temperaturdifferenz AMO/PDO zu Luft in SPLIT = **0,2 Grad C**;
Temperaturzunahme Luft SPLIT von 1900-2013 = 0,8 Grad C

www.ingramcontent.com/pod-product-compliance
Lightning Source LLC
Chambersburg PA
CBHW062202220526
45470CB00009B/2899